安 全 应 急 丛 书

爆炸事故救援风险评价 与辅助决策技术

李其中　王仲琦　王　晔　著

U0323618

应 急 管 理 出 版 社

· 北 京 ·

内 容 提 要

目前，爆炸事故救援主要依据经验或经验公式进行定性或半定量风险评估。如何解决爆炸事故救援的定量风险评价和精确性，是一个值得探讨的问题。

本书调研了国内外爆炸事故救援的现状，梳理了爆炸相关的风险评价方法，提出了数模融合的爆炸事故救援定量风险评价模型。内容详尽，实用性强，注重理论与实践的结合。通过本书，读者可以全面了解和掌握针对不同类型的特定场景预测爆炸事故结果的数模融合方法，利用改造的多米诺事故风险分析与 LEC 相结合的救援风险评价方法，基于情景构建的化工爆炸、煤矿瓦斯爆炸事故应急救援预案及爆炸事故救援桌面推演系统实现方法。

本书可供从事爆炸事故应急救援、爆炸事故数值模拟、救援预案等研究的人员及院校师生阅读参考。

前　　言

　　爆炸事故危害巨大，当爆炸事故发生时，需要采取科学、快速的救援决策手段，既不放任爆炸事故进一步扩大，又充分保障救援人员的生命安全。怎样使救援得到最大限度的开展是一个很现实的问题，也是业界比较难以解决的一个问题。当前爆炸事故救援指挥决策多数根据指挥员以往经验或采用经验公式估算爆炸事故结果。针对该现状，本书提出基于数值模拟计算和神经网络预测（数模融合）的定量风险分析方法来实现定场景（场景的某些物理量长时间保持不变或改变甚小）的爆炸事故快速救援决策和动态应急救援预案，并采用实例对相关方法进行了验证，取得了如下研究成果。

　　（1）采用数模融合的方法构建了爆炸事故自动数值模拟计算、自动学习系统（简称自学习系统）。针对不同类型的定场景，在未发生爆炸事故时采取不间断的自动数值模拟计算、自动开展神经网络学习训练，为发生爆炸事故时应急救援和动态应急救援预案提供爆炸预测结果数据，并以此作为救援决策依据和预案判据。通过该系统，通常可以在秒级时间内计算出爆炸的预测结果，使快速、精确地开展爆炸事故救援定量风险评价及爆炸事故的动态应急救援预案得以实现。

　　（2）基于对化工爆炸类场景中影响爆炸结果主要因素的分析，利用自学习系统构建了神经网络算法的 10 个输入神经元和 2 个输出神经元，从爆源在建筑物一侧的化工场景开始建模，通过数值模拟计算获得数据供神经网络算法学习，再分别构建爆源三侧紧贴建筑物和爆源在建筑物中心的化工场景，模拟计算后结果供神经网络算法递进学习。通过对本文已开展的化工类场景的预测结果进行分析，得出：该类爆炸场景压力峰值预测结果的平均误差为 6.9%，预测程序运行时间约为 9.93 s。通过对一起真实发生的化工爆炸事故场景全量建模并模拟计算，将预测结果引入改造的多米诺事故风险分析与 LEC 相结合的风险评价方法，从而对事故开展了救援风险评价。

（3）通过分析煤矿井下瓦斯爆炸类场景中影响爆炸结果的主要因素，利用自学习系统构建了神经网络算法的 8 个输入神经元和 2 个输出神经元，从直巷道场景开始建模并进行数值模拟计算获得数据供神经网络算法学习，再构建弯巷道、弯巷道内加障碍物、多弯巷道内加障碍物场景模拟计算后供神经网络算法递进学习。通过对本文已开展的煤矿井下瓦斯爆炸类场景的预测结果进行分析，得出：该类爆炸场景压力峰值预测结果的平均误差为 5.26%，预测程序运行时间约为 9.82 s。对一起真实发生的煤矿井下瓦斯爆炸事故波及区域场景全量建模并模拟计算，将预测结果引入改造的 FTA 与 LEC 相结合的风险评价方法对该事故开展了救援风险评价。

（4）提出了基于情景构建的化工爆炸、煤矿瓦斯爆炸事故应急救援预案的情景构建要素及救援预案的主要内容，采用数模融合法为构建爆炸事故动态应急救援预案提供预测数据，依据给定判据，构建爆炸事故救援情景树，随着爆炸事故的演进，动态调整预案。

本书的研究工作为爆炸事故的救援风险评价提供了新的、科学的研究方法，对于快速、精确开展爆炸事故救援的定量风险评价具有重要意义。

由于爆炸事故救援风险评价与辅助决策技术涉及面很广，加之作者水平有限，书中可能存在不妥之处，欢迎各位专家、读者批评指正。

著 者

2020 年 12 月

目　　　　次

第一章 绪 论

工业生产中的很多化工原料、中间产物、产品都具有易燃性、反应性和毒性，如果管线破裂、设备损坏或反应器、压力容器发生损毁，将有大量易燃、易爆物质泄漏后遇到电火源，可能造成难以想象的火灾爆炸灾难。煤矿企业安全技术相对落后，生产环境复杂，安全技术装备不足，在"一通三防"、矿井深部冲击地压、煤矿热害等方面存在许多技术难题，严重威胁着煤矿安全生产。在煤炭开采过程中，瓦斯爆炸、煤尘爆炸、煤与瓦斯突出、中毒、窒息矿井火灾、透水、顶板冒落等多种灾害事故时有发生。在这些事故中瓦斯事故造成的损失最大，人员伤亡最多。

恶性事故造成了严重的人员伤亡和巨大的财产损失，促使各国政府、议会立法或颁布法令，强化对高危行业生产企业的应急管理。《中华人民共和国安全生产法》（2021年最新修订）中规定，生产经营单位的安全生产管理机构以及安全生产管理人员履行组织或者参与拟订本单位安全生产规章制度、操作规程和生产安全事故应急救援预案及应急救援演练的职责；生产经营单位要按照规定制定生产安全事故应急救援预案或者定期组织演练，对重大危险源的要登记建档，且要定期检测、评估、监控，并制定应急预案，或者告知应急措施。这凸显了应急管理工作的重要性。

第一节 风险评价和应急预案概述

一、风险评价

风险评价是降低事故发生的前提和首要因素，是保证安全生产的决定性条件，在社会经济中起到非常大的作用，是保证国民经济目标的基础，也是衡量整个国家社会经济发展水平的标志性因素。风险评价方法来源于人们对自然界的认识，国内外已研究开发出许多种不同特点、不同适用对象和范围、不同应用条件的风险评价方法。每种评价方法都有其适用范围和应用条件，方法的错误使用会导致错误的评价结果。在进行风险评价时，应根据评价对象和要实现的评价目的，选择适用的评价方法。

1. 风险概述

风险管理（Risk Management）指项目实施单位对可能遇到的风险进行预测、识别、分析、评估，并在此基础上有效地应对风险，以最低成本实现最大安全保障的科学管理方法和手段。风险管理要素为风险识别、风险分析、风险评价、风险控制。其中，风险评价（Risk Evaluation）是指在风险识别和估计的基础上，综合考虑风险发生的概率、损失幅度以及其他因素，得出系统发生风险的可能性及其程度，并与公认的安全标准进行比较，确定企业的风险等级，由此决定是否需要采取控制措施，以及控制到什么程度。

2. 评价方法

风险评价方法的分类方法很多，常用的有按评价结果的量化程度分类法、按评价的推理过程分类法、按针对的系统性质分类法、按风险评价要达到的目的分类法等。见表 1-1。

按评价结果的量化程度分类法，风险评价方法可分为定性风险评价方法和定量风险评价方法。

定性风险评价方法主要是根据经验和直观判断能力对生产系统的工艺、设备、设施、环境、人员和管理等方面的状况进行定性的分析，评价结果是一些定性的指标，如是否达到了某项安全指标、事故类别和导致事故发生的因素等。属于定性风险评价方法的有风险检查表、专家现场询问观察法、因素图分析法、事故引发和发展分析、作业条件危险性评价法（格雷厄姆—金尼法或 LEC 法）、故障类型和影响分析、危险可操作性研究等。

定量风险评价方法是在大量分析实验结果和事故统计资料基础上获得的指标或规律（数学模型），对生产系统的工艺、设备、设施、环境、人员和管理等方面的状况进行定量的计算，评价结果是一些定量的指标，如事故发生的概率、事故的伤害（或破坏）范围、定量的危险性、事故致因因素的事故关联度或重要度等。

按照风险评价给出的定量结果的类别不同，定量风险评价方法还可以分为概率风险评价法、伤害（或破坏）范围评价法和危险指数评价法。

（1）概率风险评价法。概率风险评价法是根据事故的基本致因因素的事故发生概率，应用数理统计中的概率分析方法，求取事故基本致因因素的关联度（或重要度）或整个评价系统的事故发生概率的风险评价方法。故障类型及影响分析、事故树分析、逻辑树分析、概率理论分析、多米诺事故风险分析法、马尔可夫模型分析、模糊矩阵法、统计图表分析法等都可以由基本致因因素的事故发

表 1-1 风险评价方法对比表

评价方法	评价目标	定性/定量	方法特点	适用范围	应用条件	优缺点
类比法	危害程度分级、危险性分级	定性	利用类比作业场所检测、统计数据分析和事故统计分析资料类推	职业安全卫生评价作业条件、岗位危险性评价	类比作业场所具有可比性	简便易行、专业检测量大、费用高
安全检查表	危险有害因素分析安全分级	定性 定量	按事先编制的有标准要求的检查表逐项检查、按规定赋分标准赋分评定安全等级	各类系统的设计、验收、运行、管理、事故调查	有事先编制的各类检查表有标准、评级标准	简便、易于掌握、编制检查表难度及工作量大
预先危险性分析 (PHA)	危险有害因素分析危险性等级	定性	讨论分析系统存在的危险、有害因素、触发条件、事故类型、危险性等级	各类系统设计、施工、生产、维修前的概略分析和评价	分析评价人员熟悉系统、有丰富的知识和实践经验	简便易行、受分析评价人员主观因素影响
故障类型和影响分析 (FMEA)	故障(事故)原因影响程度等级	定性	列表(单元、元件)故障类型、故障原因、故障影响定定影响评定等级	机械电气系统、局部工艺过程、事故分析	同上有根据分析要求编制的表格	较复杂、详尽、受分析评价人员主观因素影响
故障类型和影响危险性分析 (FMECA)	故障原因故障等级危险指数	定性 定量	同上。在 FMEA 基础上，由元素故障概率、系统重大故障概率计算系统危险性指数	机械电气系统、局部工艺过程、事故分析	同 FMEA 有元素故障率、系统重大故障(事故)概率数据	较 FMEA 复杂、精确

表1-1（续）

评价方法	评价目标	定性/定量	方法特点	适用范围	应用条件	优缺点
事件树（ETA）	事故原因触发率条件事件事故概率	定性定量	归纳法，由初始事件判断系统事故原因及条件内各事件概率统计事故概率	各类局部工艺过程、生产设备、装置事故分析	熟悉系统，元素间的因果关系，有各事件发生概率数据	简便、易行，受分析评价人员主观因素影响
事故树（FTA）	事故原因事故概率	定性定量	演绎法，由事故和基本事件逻辑推断事故原因，由基本事件概率计算事故概率	宇航、核电、工艺设备等复杂系统事故分析	熟练掌握方法和事故、基本事件间的联系，有基本事件概率数据	复杂，工作量大，精确。事故树编制有误易失真
作业条件危险性评价（LEC）	危险性等级	定性半定量	按规定对系统的事故发生可能性、人员暴露状况、危险程度赋分，计算评定危险性等级	各类生产作业条件	赋分人员熟悉系统，对安全生产有丰富知识和实践经验	简便、实用，受分析评价人员主观因素影响
道化学公司法（DOW）	火灾爆炸危险性等级及事故损失	定量	根据物质危险性、工艺危险性计算火灾爆炸危险指数，判定采取措施前后的系统整体危险性，由影响范围、单元破坏系数计算系统整体经济、停产损失	生产、贮存、处理易燃易爆、化学活泼性、有毒物质的工艺过程及其他有关工艺系统	熟练掌握方法、系统，有丰富知识和良好的判断能力，须有各类企业装置经济损失目标值	大量使用图表，简便，参数取位宽，因人而异，只能对系统整体宏观评价

表 1－1（续）

评价方法	评价目标	定性/定量	方 法 特 点	适 用 范 围	应 用 条 件	优 缺 点
帝国化学公司蒙德法（MOND）	火灾、爆炸、毒性及系统整体危险性等级	定量	由物质、工艺、毒性、布置危险性计算采取措施前后的火灾、爆炸危险性指数、毒性和整体危险性等级，评定各类危险性等级	生产、贮存、处理燃爆、化学活泼性、有毒物质的工艺过程及其他有关工艺系统	熟练掌握方法、熟悉系统、有丰富知识和良好的判断能力	大量使用图表，简明了，参数取位宽，因人而异，只能对系统整体宏观评价
日本劳动省六阶段法	危险性等级	定性定量	检查表法定性评价，基准局法定量评价，采取第1级危险性装置复评，ETA、FTA等方法再评价	化工厂和有关装置	熟悉系统、掌握有关方法、经验有类似资料	综合应用几种办法反复评价，准确性高，工作量大
单元危险性快速排序法	危险性等级	定量	由物质、毒性系数、工艺危险性系数计算火灾爆炸危险指标和毒性指标，评定单元危险性等级	同DOW法的适用范围	熟悉系统、掌握有关方法、经验	是DOW法的简化方法。简捷方便，易于推广
危险性与可操作性研究	偏离及其原因、后果、对系统的影响	定性	通过讨论，分析系统可能出现的偏离原因，偏离后果及对整个系统个别单元的影响	化工系统、热力、水力系统的安全分析	分析评价人熟悉系统、有丰富的知识和实践经验	简便、易行，受分析评价人员主观因素影响
模糊综合评价	安全级	半定量	利用模糊矩阵运算的科学方法，对于多个子系统和多因素进行综合评价	各类生产作业条件	赋分人员有丰富生产知识对安全生产有丰富知识和实践经验	简便、实用，受分析评价人员主观因素影响

生概率计算整个评价系统的事故发生概率。

（2）伤害（或破坏）范围评价法。伤害（或破坏）范围评价法是根据事故的数学模型，应用数学方法，求取事故对人员的伤害范围或对物体的破坏范围的风险评价方法。液体泄漏模型、气体泄漏模型、气体绝热扩散模型、池火火焰与辐射强度评价模型、火球爆炸伤害模型、爆炸冲击波超压伤害模型、蒸气云爆炸超压破坏模型、毒物泄漏扩散模型和锅炉爆炸伤害 TNT 当量法都属于伤害（或破坏）范围评价法。

（3）危险指数评价法。危险指数评价法是应用系统的事故危险指数模型，根据系统及其物质、设备（设施）和工艺的基本性质和状态，采用推算的办法，逐步给出事故的可能损失、引起事故发生或使事故扩大的设备、事故的危险性以及采取安全措施的有效性的风险评价方法。常用的危险指数评价法有道化学公司火灾、爆炸危险指数评价法，蒙德火灾爆炸毒性指数评价法，易燃、易爆、有毒重大危险源评价法。

各类风险评价方法在国内外得到了广泛应用。1930 年，风险评价第一次在保险行业被提出。从工业革命到现在，尤其是第二次世界大战之后，工业化飞速前进，生产流程的工业化日益复杂和庞大，特别是在化学产业，在生产领域和物品品种的多元化发展的同时，生产过程中的爆炸火灾、重大爆燃、有害气体的泄漏以及外散等重大事件连续发生，促进了对工厂设施、装备以及环境等安全评价的进行。1960 年以后，全面进入了系统地对工厂设施、装备以及环境等进行安全风险评价研究的重要时刻。1961 年，美国科学家 Watson 在研究导弹发射控制系统的安全性评价时提出了事故树（FTA）分析方法。1964 年，美国道（DOW）化学公司提出了一种化工制造危险度量风险评价的方法，演变成了火灾爆炸危险指数评价法；随后，又分别在 1966 年、1972 年、1980 年、1987 年、1994 年先后对其进行了 7 次修订。1967 年，美国人 F. R. Farmer 针对核电站安全性提出了定量风险评价方法（QRA）。1974 年，英国 ICI 化学公司的一个分公司基于道化学公司安全评价方法优势，又提出了新的评价方法，即蒙德火灾爆炸毒性危害指数评价法。美国 K. J. 格雷尼姆和 C. F. 金妮提出多因子评分法，即 LEC 法，用来评价人们在具有潜在危险性环境中作业时的危险性半定量评价方法。各种类型的风险评价正处于不断发展和完善的阶段，到目前为止，经过 70 多年的发展，形成了很多关于安全评价的理论、方法和应用技术。随着当今计算机和数学方法的成长，在模糊数学的基础上，操纵计算机系统、人工智能网络技术、决策支撑技术对系统开展动态风险评价有了进一步的发展。近年来，各个国家又制定了一系列的标准和规范，为企业的风评价与管理提供依据，如 ISO 系列标准、OHSMS 系列标准。

由此可见，每种风险评估方法都有一定的适用范围和限度。其中，定性风险分析与评估方法难以对事故概率、事故后果、事故风险等级等指标进行有效量化，评估结果不能预测出实际风险值，难以满足企业和社会对风险防控的要求。半定量及定量风险分析与评估方法已成为工业企业事故风险研究的主要技术手段，但因计算过程复杂、烦琐，且对基础数据依赖性较大，在实用性方面存在一定的局限性，还需结合具体评估对象的生产技术水平、安全管理水平、企业文化背景等因素，对其评估方法及模型进行完善和优化。

二、应急预案

古人云：祸之坐，非坐于坐之日，概有其由起。尽管安全生产事故的发生具有不确定性，但是人们在总结以往经验的基础上，一定程度上分析出事故的原因，从而在事故发生后通过类似或相关事故的总结分析，制定出处置措施，在应对安全生产事故过程中，有备无患，未雨绸缪。

1. 相关定义

1）应急管理定义

应急管理是为了降低突发灾难性之间的危害，基于造成突发事件的原因、突发事件的发生、发展过程以及所产生的负面影响的科学分析，有效集成社会各方面的资源，对突发事件进行有效应对、控制和处理的一整套理论。

2）突发事件定义

突发事件是指突然发生，造成或者可能造成严重社会危害，需要采取处置措施予以应对的自然灾害、事故灾难、公共卫生事件和社会安全事件。突发事件具有不确定性、紧急性、威胁性的特点。根据突发公共事件的发生过程、性质和机理，突发公共事件主要分为自然灾害、事故灾难、公共卫生事件、社会安全事件四类。本书中主要研究事故灾难。

事故一般指发生于预期之外的造成人身伤害或财产经济损失的事件。爆炸事故是由于人为、环境或管理上的原因而发生的，且造成财产损失、物破坏或人身伤亡的事故，并伴有强烈的冲击波、高温高压和地震效应的事故。

3）应急预案定义

应急预案又称"应急计划"或"应急救援预案"，是针对可能发生的事故，为迅速、有序地开展应急行动、降低人员伤亡和经济损失而预先制定的有关计划或方案。

应急预案是在辨识和评估潜在重大危险、事故类型、发生的可能性及发生的过程、事故后果及影响严重程度的基础上，对应急机构职责、人员、技术、装备、设施、物资、救援行动及其指挥与协调方面预先做出的具体安排。

应急预案最早为预防、预测和应急处理关键生产装置事故、重点生产部位事故、化学泄漏事故等而预先制定的对策方案。

2. 预案内容

应急预案主要包括事故预防、应急处置、抢险救援三方面的内容。

（1）事故预防。通过危险辨识、事故后果分析，采用技术和管理手段降低事故发生的可能性，或将已经发生的事故控制在局部，防止事故蔓延，并预防次生、衍生事故的发生；同时，通过编制应急预案并开展相应的培训，可以进一步提高各层次人员的安全意识，从而达到事故预防的目的。

（2）应急处置。一旦发生事故，通过应急处理程序和方法，可以快速反应并处置事故或将事故消除在萌芽状态。

（3）抢险救援。通过编制应急预案，采用预先的现场抢险和救援方式，对人员进行救护并控制事故发展，从而减少事故造成的损失。

3. 预案目的

为控制重大事故的发生，防止事故蔓延，有效地组织抢险和救援，国家有关部门和生产经营单位应对已初步认定的危险场所和部位进行风险分析。对认定的危险有害因素和重大危险源，应事先对事故后果进行模拟分析，预测重大事故发生后的状态、人员伤亡情况及设备破坏和损失程度，以及由于物料的泄漏可能引起的火灾、爆炸、有毒有害物质扩散对单位可能造成的影响。

依据预测，提前制定重大事故应急预案，组织、培训应急救援队伍，配备应急救援器材，以便在重大事故发生后，能及时按照预定方案进行救援，在最短时间内使事故得到有效控制。综上所述，应急预案主要目的有以下两个方面：

（1）采取预防措施使事故控制在局部，消除蔓延条件，防治突发性重大或连锁事故发生。

（2）能在事故发生后迅速控制和处理事故，尽可能减轻事故对人员及财产的影响，保障人员生命和财产安全。

4. 预案作用

应急预案是应急救援体系的主要组成部分，是应急救援工作的核心内容之一，是及时、有序、有效地开展应急救援工作的重要保障。体现在以下 5 个方面。

（1）应急预案确定了应急救援的范围和体系，使应急管理不再无据无依、无章可循。尤其是通过培训和演练，可以使应急人员熟悉自己的任务，具备完成指定任务所需的相应能力，并检验预案和行动程序，评估应急人员的整体协调性。

（2）应急预案有利于做出及时的应急响应，降低事故后果的严重性。

（3）应急预案是各类突发事故的应急基础。

（4）应急预案建立了与上级单位和部门应急救援体系的衔接。通过编制应急预案，可以确保当发生超过本级应急能力的重大事故时与有关应急机构的联系和协调。

（5）应急预案有利于提高风险防范意识。应急预案的编制、评审、发布、宣传、演练、教育和培训，有利于各方了解可能面临的重大事故及其相应的应急措施，有利于促进各方提高风险防范意识和能力。

5. 预案基本要求

编制应急预案是进行应急准备的重要工作内容之一。编制应急预案不但要遵守一定的编制程序，同时应急预案的内容也具有针对性、科学性、可操作性、完整性、可读性，且要合法合规、相互衔接。

应急预案是针对可能发生的事故，为迅速、有序地开展应急行动而预先制定的行动方案。应急预案应结合风险分析结果，具体到针对重大危险源、可能发生的各类事故、关键的岗位和地点、薄弱环节、重要工程进行编制。

应急预案内容应完整，包含实施应急响应行动需要的所有基本信息，包括功能（职能）完整、应急过程完整、使用范围完整。应急预案中说明有关部门应履行的应急准备、应急响应职能和灾后恢复职能，说明为确保履行这些职能而应履行的支持性职能。编制预案涵盖应急预防阶段、应急准备阶段、应急响应阶段和应急恢复四个阶段，每个阶段以前一阶段为基础，目标是减轻重大事故造成的冲击，把事故严重程度降至最小。使用范围要明确，在本区域或者生产经营单位内发生时进行启动，也可能在其他区域或生产经营单位发生事故进行启动，即针对不同事故的性质，可能会对预案的适用范围进行扩展。

第二节 我国生产爆炸事故的形势概况

近年来，爆炸事故成为我国灾害的主要类型，特别是 2019 年以来，爆炸事故接连发生，其中响水化工园区爆炸事故导致 78 人死亡，在社会上引起极大震动。表 1-2 列出了 2001—2016 年全国重大、特别重大事故统计数据。数据清楚地显示，爆炸事故在重特大和特别重大事故中比例很高。爆炸事故导致人员密集伤亡，财产严重损失，对人员安全、社会稳定和谐、国民经济的健康平稳发展构成严重威胁。

表1-2 2001—2016年全国重大、特别重大事故及爆炸事故统计表

年份	重 大 事 故			大 事 故			特 别 重 大 事 故			大 事 故		
	事故总数	爆炸事故数	爆炸事故占比	事故总数	爆炸事故数	爆炸事故占比	事故总数	爆炸事故数	爆炸事故占比	事故总数	爆炸事故数	爆炸事故占比
2001	92	34	37.0%	1787	152	8.5%	13	7	53.8%	528	327	61.9%
2002	116	36	31.0%	2363	862	36.5%	16	8	50.0%	844	402	47.6%
2003	118	30	25.4%	2600	955	36.7%	23	3	13.0%	1191	131	11.0%
2004	117	30	25.6%	2353	846	36.0%	14	7	50.0%	851	485	57.0%
2005	126	28	22.2%	2907	933	32.1%	17	10	58.8%	1197	843	70.4%
2006	94	23	24.5%	1560	479	30.7%	7	4	57.1%	263	145	55.1%
2007	76	18	23.7%	1359	380	28.0%	6	2	33.3%	302	136	45.0%
2008	88	13	14.8%	1842	263	14.3%	10	1	10.0%	667	35	5.2%
2009	59	12	20.3%	1031	380	36.9%	3	3	100.0%	262	262	100.0%
2010	75	9	12.0%	1295	186	14.4%	10	3	30.0%	392	126	32.1%
2011	59	14	23.7%	897	312	34.8%	4	0	0.0%	151	0	0.0%
2012	59	9	15.3%	902	234	25.9%	2	1	50.0%	84	48	57.1%
2013	48	4	8.3%	869	64	7.4%	4	3	75.0%	252	131	52.0%
2014	38	9	23.7%	700	234	33.4%	4	1	25.0%	235	97	41.3%
2015	25	4	16.0%	414	64	15.5%	2	0	0.0%	73	0	0.0%
2016	28	6	21.4%	521	141	27.1%	4	2	50.0%	174	65	37.4%
总计	1218	279	22.9%	23400	6485	27.7%	139	55	39.6%	7466	3233	43.3%

随着经济迅猛发展，工业化、城镇化快速推进以及一些化工园区建立多年后设备设施进入老化状态，重大爆炸灾害危险源急剧增加，化工园区、煤矿等一些企业和城市重大爆炸灾害发生的可能性呈上升趋势。对 2000 年以来我国发生的重大爆炸事件和事故分析发现，灾害造成的损失情况主要体现在以下 4 个方面：

（1）爆炸事故对生产单位的破坏极具毁灭性，会造成人员伤亡和财产的重大损失。

（2）灾害事故现场发生剧烈的爆炸极易导致大量人员死亡，从而引起强烈的社会恐慌。处理不当很容易引起群众上访及严重危害社会治安稳定的群体性事件发生，社会影响极大。

（3）灾害现场往往容易发生次生灾害，若救援指挥不当，会危及救援人员安全，多数救援人员大量伤亡的事故往往是爆炸事故。

（4）化学品爆炸事故对生态环境会产生很大危害，会对相当范围生态环境造成长时间难以消除的危害，既影响当地经济发展，也会祸及子孙。

第三节　爆炸事故应急救援现状

一、国外（美、德、英）应急管理体系和经验

国外经验表明，建立一个由政府集中统一指挥、有权威的应急救援协调指挥机构，是应对特别重大事故灾难的重要举措。

1. 美国

美国采取属地管理和统一管理相结合、分级响应和全面响应相结合的应急响应方式。

2004 年，美国国土安全部推出"国家事故管理系统"，规定了美国各级政府对突发公共事件应急的统一标准和规范，以期实现"统一管理"和"标准运行"。

所谓"统一管理"，即应急响应时，各级机构使用共同的词汇、术语、密码、频率等，发布统一的指令进行统一指挥，以消除不同部门和不同区域指挥官在沟通时可能存在的障碍和误解。自然灾害、技术事故、恐怖袭击等各类重大突发公共事件发生后，一律由各级政府的应急管理部门统一调度指挥。物资、调度、信息共享、通信联络、术语代码、文件格式乃至救援人员服装标志等，都要采用所有人都能识别和接受的标准，以减少失误，提高效率。

2. 德国

在德国，有一个专门负责民事安全、参与民众保护和重大灾害救援的指挥中枢——联邦内政部下属的联邦民众保护与灾害救助局（BBK）。这个机构组建的"共同报告和形势中心"和开发的"德国紧急预防信息系统"成为了德国危机管理的两大武器。

"共同报告和形势中心"成立于 2002 年，是危机管理的核心，负责优化跨州和跨组织的信息和资源管理，加强联邦各部门之间、联邦与各州之间，以及德国与各国际组织间在灾害预防领域的协调和合作。

"德国紧急预防信息系统"拥有开放的互联网平台，集中向人们提供各种危机情况下如何采取防护措施的信息。这个系统的网络平台有 2000 多个，人们可以从中很方便地找到有关民众保护和灾难救助的背景信息，也可以了解危险情况下如何采取预防措施等信息。

另外，这个信息系统还有一个专供内部使用的信息平台。在危险局面出现时，这一内部平台可以帮助决策者有效开展危机管理，大大减轻了决策层的风险评估和资源管理工作压力。

3. 英国

英国立足于在事发前发现、制止和控制危机，依靠训练有素的警察、消防、卫生救护及军队等力量，建立应急管理制度体系，处置各类突发公关事件。这一阶段，英国应急处置的显著特点是单一部门应对，基本上没有跨部门的协调。

二、国外（美、德、英）发生的重大爆炸事故及应急救援存在的问题

虽然，美、德、英等发达国家建立了完备的应急管理体系，但是在面对重特大爆炸事故时，应急救援还或多或少存在着这样那样的问题。

1. 美国

2013 年 4 月 17 日，美国得克萨斯州韦科市附近韦斯特镇一家化肥厂爆炸，这次爆炸的威力相当于原子弹或者里氏 2.1 级地震，直径 30 多米宽的火球腾空而起，并掀起了高耸入云的蘑菇云，60 多公里外的地方都能感受到震动，爆炸使这个小镇夷为平地。爆炸事件造成 35 人死亡，其中包括 10 名最早进入火场的救援人员。

得州化肥厂爆炸引起了美国的极度重视，经过调查发现以下问题：发生爆炸的首要原因是对农民自办小化肥厂法律规定的缺失。虽然联邦化学品风险管理对安全处理有毒有害物质有明确规定，但是农场零售的化肥被豁免。其次，州、县政府对于化工厂和危险品设施与周边民居的距离缺乏严格的法规与管理。再次，

州一级防火法规缺失，县一级消防部门也没有专门针对企业化工产品安全的消防
法规和处理意外事故的应急预案。调查发现，消防队未根据美国全国消防协会要
求对包括志愿者在内的消防人员进行培训，消防队前往救火时不知道现场存在爆
炸物，采用了错误的救火方式，导致几名参加救火的人死亡。

联邦政府和得州分别就爆炸当中暴露出来的监管和法律问题做出了有针对性
的改革，针对监管职权的分散问题，得州议会举行了多次听证会讨论将本州针对
硝酸铵的监管职权集中到同一机构的可能性。为了解决联邦和州政府两套班子沟
通不畅的问题，奥巴马在当年8月1日签署了行政法令，要求各级联邦机构与州
政府合作，致力于提高化学用品的监管，制定和更新相应的规章制度，从而系统
提高整个行业的安全性。

此外，在美国各州颁布灾害服务法或者化学灾害事故救援管理规定，以更加
明确应急响应的程序、各部门职责、灾害赔偿以及资金援助等管理细节，诸多法
规先后出台，得州虽然仍然有爆炸发生，但是几乎不再有人员伤亡。

另外，据统计，2010—2014年美国井工矿事故死亡人数（按事故种类）共
计110人。在此期间，由于气体、粉尘起火、爆炸导致的死亡所占比例最大，
为26.4%。

2. 英国

2005年英国邦斯菲尔德油库火灾爆炸事故是欧洲最大的一次工业火灾爆炸
事故，经济损失和相关赔偿费用高达10亿英镑。该事故作为重大环境污染事故
上报至欧盟，事故共烧毁23座储罐，造成43人受伤，油库附近300间房屋损
坏，2000多居民疏散，M1高速公路关闭。火灾持续燃烧5天，释放的浓烟扩展
到英国南部地区。

事故发生后，英国政府组织了对该事故的全面调查，其中一个重要的事故原
因是应急预案低估了库区火灾爆炸风险。邦斯菲尔德油库在编制应急预案时，认
为油库最大的灾害风险是防火堤内形成的池火，未充分认识到大面积油料蒸气云
爆炸的潜在后果；英国油库（如邦斯菲尔德油库）管理者认为汽车罐装卸站台
油料泄漏蒸发形成的蒸气云的风险远高于储罐泄漏形成的蒸气云的风险。因此，
在编制储罐区应急预案时，未对储罐泄漏形成油料蒸气云的爆炸风险予以足够
重视。

3. 德国

2016年10月17日，位于莱茵河畔路德维希港（Ludwigshafen）的化工企业
巴斯夫发生大型爆炸，造成2人不幸遇难、2人失踪、6人重伤、多人轻伤。这
是在全球最大化工巨头巴斯夫集团总部，同时也是世界工厂面积最大的化学产品

基地发生的一起剧烈爆炸。此次爆炸发生引发多处大火。据报道，一些临近港口的居民称自己的呼吸受到了影响。出于安全考虑，救援人员一直与爆炸中心区域保持大约 300 m 的距离，造成的经济损失非常大。

巴斯夫公司是世界上最大的化工公司，业务涵盖领域广泛，其建立的安全评价体系更是被其他大型企业所学习，但仍不可避免地发生了爆炸事件。可见，做好安全防范、事故预案以及事故救援仍然很重要。

三、我国爆炸事故及应急救援存在的问题

根据有关统计，在"十二五""十三五"期间，由于救援措施不当导致事故扩大而造成的较大以上事故有 167 起，由于救援不当共造成 657 人死亡。

2013 年 3 月 29 日发生的吉林八宝煤业公司特别重大瓦斯爆炸事故中，在已连续 3 次发生瓦斯爆炸的情况下，还下井施工密闭、强令工人冒险作业，现场应急指挥混乱、处置方案错误，最后造成 36 人遇难、12 人受伤，直接经济损失达 4708.9 万元，这些充分暴露出本次事故中存在矿山救援指挥不当和对救援风险评估不足等问题。

2013 年 7 月 23 日，四川芙蓉集团宜宾杉木树矿业公司发生一起较大瓦斯爆炸事故，造成 7 名矿山救护队员死亡，直接经济损失 1046 万元。经调查，造成这起事故的主要原因是该矿井下 N3022 风巷 7 月 22 日早班因停电发生瓦斯爆炸后，并未引起该矿足够重视，对事故进行违规处理；矿山救护队 22 日晚班在 N3022 风巷排放瓦斯时，瓦斯遇煤层自燃火源引起爆炸，导致悲剧发生。同时该煤矿还存在"一通三防"管理混乱、用电管理混乱、采掘布置不合理、区域防突措施不到位、职工培训不到位等问题。

2013 年 11 月 22 日，位于山东省青岛经济技术开发区的中国石油化工股份有限公司管道储运分公司东黄输油管道泄漏原油进入市政排水暗渠，在形成密闭空间的暗渠内油气积聚遇火花发生爆炸，造成 62 人死亡、136 人受伤，直接经济损失 75172 万元。事故的重要原因就是对事故风险评估出现严重错误。青岛站、潍坊输油处、中石化管道分公司对泄漏原油数量未按应急预案要求进行研判，没有及时下达启动应急预案的指令。

2015 年 8 月 12 日，位于天津市滨海新区天津港的瑞海国际物流有限公司危险品仓库发生火灾爆炸事故，造成 165 人遇难（其中参与救援处置的公安消防人员 110 人，事故企业、周边企业员工和周边居民 55 人）、8 人失踪（其中天津港消防人员 5 人，周边企业员工、天津港消防人员家属 3 人），798 人受伤（伤情重及较重的伤员 58 人、轻伤员 740 人）。共有 16000 人包括军人、武警、消防

员以及防化、防疫、医疗及环保专家参与了应急救援。整个救援工作持续近一个月。调查发现这是一起生产安全责任事故，主要原因是企业管理混乱，应急救援指挥系统不完善，救援人员的应急防护知识欠缺等。

从大量生产安全事故灾难案例分析显示，造成突发事件损失后果严重的原因之一是一些地方和企业危机意识淡薄和应急处置能力不足。

我国在发生爆炸事故后，会成立事故应急处置现场指挥部，成立专家组，专家组会依据有关专业知识和相关规程要求做出一些救援决策。爆炸事故的发生和应急存在以下 3 个问题。

（1）从企业到政府的有关部门对爆炸事故风险没有深度研判或研判存在失误。

（2）没有专业的爆炸事故应急救援专家决策支持系统。在进行爆炸事故应急指挥时，往往是依据专家的经验作出判断，没有对爆炸事故进行计算分析的专家决策支持系统，只能对爆炸现场做一个粗略的分析，然后划定安全警戒区域。

（3）爆炸事故的应急预案不够科学，可操作性差。2003 年后，中国开始推行以"一案三制"（应急预案、应急体制、应急机制、应急法制）为核心的综合应急管理体系，应急预案开始广泛应用于各类突发事件的应急管理，并形成了从上至下多达数百万件的应急预案体系。然而，应急预案在实践中也产生了严重的问题：脱离实际、内容雷同、衔接不够；内容制定上存在照抄照搬现象，不切实际等。就爆炸事故的应急预案来说，主要存在以下问题：很多爆炸事故的预案通常是只选定了救援方式，却没有对救援现场进行评估，没有专门的软件对现场会产生的爆炸进行计算，救援预案也不是按照计算的结果进行救援力量部署和采取相应的施救对策。

综合全国情况来说，重大爆炸事故时有发生的形势非常严峻，爆炸事故应急救援风险研判研究工作仍相当薄弱。当爆炸事故发生时，如何通过定量风险分析实现科学救援，既不放任爆炸事故进一步扩大，又充分保障救援人员的生命安全，使得救援能够得到最大限度的开展，这是一个很现实的问题。

为了做好爆炸事故救援风险的定量分析，必须研究不同爆炸场景下，爆炸对人员、建筑物和设备等的毁伤效应；研究爆炸发生后，如何快速判断是否会发生二次爆炸以及爆炸的影响范围和程度；研究如何根据二次爆炸的可能性，开展救援风险分析，从而做出正确的救援决策等。这些研究工作对于爆炸事故的科学救援、应急演练、救援过程分析等方面都具有重要的意义。

第四节　爆炸事故救援定量风险评价国内外发展现状

在爆炸事故发生后，我国目前最主要的救援方式是救援指挥人员根据已有指挥经验进行指挥，一部分较大的爆炸事故由专家组根据经验公式进行估算后给出救援建议。国外在进行爆炸事故救援时，也是按照经验公式估算安全范围，比如2016年德国巴斯夫化工厂发生爆炸事故时，救援人员因为不敢精确救援，一直与爆炸中心区域保持大约300 m的距离，造成的经济损失非常大。可见，在发达国家，爆炸事故救援也没有做到定量风险分析。谨慎起见，编者以爆炸事故救援风险评价为关键词，搜索国外、国内主要数字资源，没有找到国内外关于爆炸事故救援风险评价方面的文章。所以，编者从风险评价、爆炸的风险评价、救援的风险评价3个方面依次递进进行了国内外现状的研究。

一、风险评价的研究现状

根据量化程度来分类，风险评价方法可分为定量风险评价方法和定性风险评价方法。定量风险评价方法是指对生产系统各个方面的状况如工艺、设施、设备、环境、人员以及管理等进行定量分析和计算。它是在大量分析实验结果、事故统计资料的基础上获得的相关指标或规律（数学模型），其评价结果主要是定量的危险性、事故发生的概率、事故伤害（或破坏）范围以及事故致因因素的关联度（或重要度）等一些定量指标。而根据定量评价结果的类别，还可以将定量风险评价的方法分为危险指数评价法、概率风险评价法和伤害（或破坏）范围评价法。

在国内外风险评价技术都得到了广泛的应用。1930年风险评价第一次在保险行业被提出，二战之后工业化飞速前进，生产流程的工业化日益复杂和庞大，生产过程中的爆炸、火灾、爆燃、有毒有害气体泄漏等重大事件不断发生，促使有关方面对工厂设施、设备、环境等开始安全评价。1960年后，则进入了全面系统地对工厂设施、设备、环境等开展安全风险评价研究阶段。1961年，FTA（事故树分析法）由美国科学家Watson在研究导弹发射控制系统安全性评价时提出。1964年，"火灾爆炸危险指数评价法"由美国道化学公司提出。随后，于1966年、1972年、1980年、1987年、1994年对其进行了七次修订。1967年，定量风险评价方法（QRA）由美国人F. R. Farmer根据核电站安全性评价提出。1974年，英国帝国化学公司提出了"蒙德火灾爆炸毒性危害指数评价法"。同年，美国的K. J. 格雷厄姆和K. F. 金尼提出了LEC法，用来评价人在具有潜在危险的环境中作业时的危险性。到目前为止，关于风险评价的理论、方法和应用技术，经过近90年的发展，日趋成熟。伴随着计算科学的进步和模糊数学的发展，计算机、人工智能、决策支撑等技术有力地促进了全面系统地开展动态风险评价的发展。近几年，为了给企业的风险评价与管理提供依据，相关国家制定出风险评价系列标准、规范，如OHSMS系列标准、ISO系列标准。

　　不同评价方法的评价目标、适用范围是不一样的，各有优缺点，每种风险评估方法都有一定的适用范围和限度。定性风险评价方法的评估结果不能预测出实际风险值，难以对事故概率、事故风险等级、事故后果等相关指标进行量化，对企业、社会风险防控要求不能较好满足。而半定量或定量风险评价方法就成为企业生产安全事故风险分析及评价的主要技术手段。但定量风险评价计算过程复杂、烦琐，而且比较依赖于基础数据，在实用性方面还存在一定的局限性，需要根据具体评估对象的安全管理、生产技术、企业文化背景等方面的因素来完善、优化评估方法及模型。

　　下面介绍化工事故和煤矿井下事故经常应用的一些风险评价方法，这些评价方法将在本文的研究中进行改进并使用。

　　1. 作业条件危险性评价方法（LEC）

　　LEC评价法由美国学者K.J.格雷厄姆及K.F.金尼提出，是一种对作业环境中的危险源进行半定量安全评价的方法。

　　该方法采用同作业风险有关的三项因素指标值：L（事故发生的可能性）、E（人员暴露于危险环境的频繁程度）、C（发生事故可能造成的后果）的乘积D（危险性）来评估作业人员伤亡风险大小。根据这三项因素的不同等级来设定不同的分值，然后再得出三个分值的乘积D，即$D = LEC$。

　　D值越大，说明该作业的危险性越大，需要采取安全措施来减小事故发生的可能性；或者通过降低作业人员在危险环境中暴露的频繁程度；亦或减轻事故损失至允许的范围。LEC评价法根据L、E、C、D的判定标准列出四个表格进行计算、评价。

　　国内外学者在一些评估中用到了LEC评价的方法，有些学者对LEC评价法进行了改进，有的把LEC评价法与别的评价方法结合起来使用。智利的Nicolás Corral等利用LEC评价法对集中太阳能发电厂（CSP）进行了评价。Zhe Yang和Liu Hui等采用改进的LEC评价法分别对水利工程和公路隧道工程施工的安全性进行评价。Jiang GJ在分析加工过程中的主要危害因素的基础上，运用LEC评价法和模糊数学方法对安全评价指标进行建模和分析。Shuicheng Tian等采用LEC与FTA相结合的评价法对城市道路交通安全因素进行了分析。

2. 多米诺事故风险分析方法

一个初始单元或设施设备发生事故导致邻近的一个或多个设施设备相继发生二级及二级以上事故，从而增加了事故后果严重度的现象称为事故多米诺效应。

只有当事故结果的整体严重性高于或至少相当于初始事故后果的场景事故才被认为是发生了多米诺事件。有些学者在对一些石油、化工企业的典型事故进行分析时首先发现这个特点，并进行了比较深入的研究。从 MHIDAS 资料库可以看出，在 105 起固定装置的爆炸事故当中，有 66 起是由附近的设备爆炸引起的。

多米诺效应风险评估是对评估单元（设施设备）之间的相互影响程度开展定性或定量的分析，来确定发生多米诺效应的可能性，使风险评估的结果更具有客观性。

1982 年，欧共体颁布的《工业活动中重大危险事故法令》要求对工业企业生产和储存等相关危险场所开展全面风险评估并考虑事故多米诺效应，对化工场所的风险分析、评估提出了具体要求。之后，国外相关研究机构和众多学者对多米诺效应风险评估展开系统深入的研究，初步形成相关的评估方法、步骤和流程。

一些国外学者在多米诺效应方面做了大量的研究工作，Khan 和 Abbasi 提出多米诺事故扩展的机理。Cozzani 等构建了多米诺效应的扩展向量，并提出了扩展概率模型用于研究多米诺事故后果。Darbra 等分析了 225 起多米诺事故历史数据，发现多米诺事故的多发区域是储罐区，占到总数的 35%，而其中最常见的初始事故则是火灾，爆炸事故次之。Kourniotis 等分析化工史上 207 起重大事故相关数据，发现多米诺事故由碳氢化合物蒸气导致的概率最大，液体燃料次之，而单纯的有毒物料泄漏通常不会导致多米诺事故。Nima Khakzad 提出了一种基于动态贝叶斯网络的多米诺效应时空演化建模的方法，对潜在的多米诺效应中最可能发生的事故序列进行了量化。

在国外学者研究的基础上，国内学者也陆续展开多米诺效应后果研究。李树谦结合多米诺效应下的个人风险与社会风险提出了化工园区的整体风险评估模式、方法。陈刚、张新梅和孙东亮等先后研究了化工储罐爆炸产生的碎片抛射导致周边装置发生多米诺效应的概率模型。王晓媛系统地阐述了多米诺风险评估的技术理论和方法，将其应用到化工厂火灾爆炸事故分析及预评估当中。刘艳华将多米诺效应概念引入城市燃气管网安全评估中，计算出不同泄漏量下多米诺事故发生的概率，量化出事故后果。马科伟将故障树法（FTA）和保护层分析法（LOPA）相结合来定量分析评估化工园区多米诺效应风险。王洪德通过使用网格划分与风险叠加耦合技术来开展化工园区多米诺效应风险评估。王犇分析了储罐区的多米诺效应风险，并基于层次分析法进行化工储罐区布局方案的优选。窦站等基于蒙特卡洛模拟分析构建出化工装置失效概率估算方法。潘科等研究了蒙特卡洛模拟和 probit 函数模型，并提出了因爆炸超压触发的多米诺事故效应定量风险评估方法。陈明亮定量分析了化工装置事故多米诺效应，提出一种基于固有风险与多米诺效应的整体风险评价模型。杨一楠、张青松等在油库池火灾的多米诺效应分析中引入贝叶斯理论，并构建了池火灾触发的多米诺效应风险控制模型。杨国梁分析了火灾环境下储罐因热辐射而失效的时间，以及着火储罐得到有效控制的时间，并在此基础上构建了火灾触发多米诺效应的概率计算模型。刘培、冯显富、陈福真等对火灾环境下热辐射、爆炸超压及碎片抛射这三种物理效应共同作用下的耦合效应进行分析并探索耦合风险。周剑峰将 Probit 函数模型和应急响应统计数据相结合，构建了储罐区火灾触发的多米诺效应概率模型。衣健民和白晓昀应用贝叶斯网络来分析事故多米诺效应的空间和时间传播机理。另外，贾梅生、李建军等系统阐述了多米诺效应风险的评估方法和防控技术，指出了多米诺效应风险评估方法的不足之处。

在国内外众多关于多米诺效应风险研究中，Reniers、Cozzani 和 Abdolhamidzadeh 等在 2013 年经过大量文献调查研究，总结出该领域最先进的观点、理论、模型、技术及措施，从而形成了系统的多米诺效应建模、预防和管理的方法。这些方法都有具体的评估流程，通过分析这些流程，可以得知其计算过程整体框架基本一致，评估过程大致可以分为：风险识别、风险概率计算、后果评估及风险指数计算四个阶段。尤其是在事故发生概率方面提出了比较科学的计算方法和步骤，极具参考意义。Cozzani 认为多米诺效应的定量风险评估由四个特殊的概率组成：多米诺场景概率、火灾热辐射损坏概率、爆炸冲击波损坏概率和爆炸碎片损坏概率。而其中多米诺场景概率计算依赖于后 3 个概率。多米诺定量风险评估的核心是事故概率计算和后果评估。常见的多米诺效应风险分析与评估步骤及方法如下：

1）计算传播概率

Cozzani 等经过研究认为多米诺效应的传播概率同初始事故设施和目标设施之间的距离的平方是呈反比关系的。即距离越远，引起多米诺效应的概率越小，所以有式（1-1）：

$$P_{ji} = \left(1 - \frac{r_{ji}}{r_{th}}\right)^2 \tag{1-1}$$

式中　r_{th}——初始事故可以引起破坏的最远距离，即能够达到触发多米诺效应的破坏阈值的距离。

2）计算阈值距离

阈值距离的计算要根据不同的事故情景分别进行。

（1）火灾阈值距离。在点源模型下，火灾阈值距离依据火灾产生的多米诺效应热辐射通量阈值进行计算，其公式：

$$r_{th} = \frac{Q}{4\pi I_{th}} \tag{1-2}$$

式中　I_{th}——火灾的损害阈值，通常取值为 37.5 kW/m²。

（2）爆炸阈值距离。爆炸阈值距离依据爆炸冲击波触发多米诺效应的相关冲击波超压阈值进行计算，其公式：

$$r_{th} = 0.3967 W_{TNT} \sqrt[3]{[3.5031 - 0.7241\ln(P_{th}/6.9) + 0.0398\ln(P_{th}/6.9)^2]} \tag{1-3}$$

式中　P_{th}——爆炸冲击波损坏阈值，通常取值为 70 kPa。

（3）碎片阈值距离。储罐爆炸碎片的抛射距离是由碎片初始速度、飞行方向和碎片的阻力系数等共同确定的。在实际计算中特别复杂，因此，常用下列经验公式进行估算：

$$r_{th} = \begin{cases} 90m^{0.33}, V > 50 \text{ m}^3 \\ 465m^{0.10}, V < 50 \text{ m}^3 \end{cases} \tag{1-4}$$

式中　m——储罐质量，t；

　　　V——储罐容积，m³。

3. 事故树分析法（FTA）

事故树（Fault Tree Analysis），简称 FTA，也叫故障树，由美国贝尔实验室沃特森博士于 1961 年首次提出。该方法建立在运筹学、概率学基础上，自提出后就被应用于民兵导弹发射的控制系统。它是一种用来描述事故之间因果关系的"树"，也是一种有方向的"树"。因其经常用于评价复杂系统可靠性、安全性，因此被认为是安全系统工程领域最重要的分析方法之一，既能开展定性分析，又能开展定量分析。

FTA 目前已在国内外得到广泛的应用。Mottahedi 等采用模糊故障树分析方法，以煤冲击事故作为事故树中的顶事件进行了分析；Gerrit 采用故障树分析了煤矿巷道可靠性。Mikhaylova 对具体煤矿使用自编系统进行事故树构造、计算故障发生概率；柳茹林等基于 FTA - AHP 方法对煤矿瓦斯爆炸事故进行了分析，从理论和实践角度提出防治煤矿瓦斯爆炸事故的对策及建议；赵强将模糊物元法与事故树相结合，从后果与原因两个角度对瓦斯爆炸事故进行安全评价；聂尧等构建了 S-E-M 系统，同时把结果应用到事故树中求解顶事件概率和临界重要度。

二、爆炸的风险评价研究现状

重大爆炸危险源辨识、评价与管理是爆炸灾害防治的主要任务之一，也是国际上公共安全研究热点之一，这方面的研究以在化工爆炸和煤矿瓦斯爆炸方面最为突出。

1. 化工爆炸风险评价

在化学危险品爆炸安全方面，联合国经社理事会（EDOS）在 20 世纪 50 年代就开始建立了联合国危险货物专家委员会，制定了《联合国关于危险货物运输的建议书·规章范本》(TDG)，目前该规章范本已经在全世界所有发达国家得以实施。1964 年，美国道化学公司提出"火灾爆炸危险指数评价法"，用于对化工工艺过程及其生产装置的火灾、爆炸危险性作出评价，该方法是第一个可以定量评价风险的方法。随后，各国都在该方法的基础上，改造其不足之处，完善有关细节，有些改进方法甚至别具一格。1974 年，"蒙德火灾、爆炸、毒性危险指数评价法"由英国的帝国化学公司（ICI）蒙德（Mond）分公司提出，该方法源自第三版的道化学指数法，它将毒性因素引入评价过程，拓展了补偿系数适用范围。1976 年，"化学工厂六步骤安全评价法"由日本劳动省提出，其主要用在化工产品制造、贮存过程中发生火灾爆炸危险性评价，该方法准确性高，但工作量大。1983 年，美国学者提出"四步法"，四个步骤为危害鉴别、剂量与效应关系评价、暴露评价以及风险表征，该方法构建了风险评价的基本框架。2000 年开始，EDOS 制定了《全球危险化学品分类和标签协调制度》(GHS)。发达国家按照 TDG 和 GHS 要求，建立了完整的化学危险品测试、鉴别技术标准和手段，涵盖了化学危险品爆炸安全的所有方面。

2. 煤矿瓦斯爆炸风险评价

英国的 C. E. Fothergill 等人应用软件模拟了矿井风流流态为紊流状态下不同区域流场特点，通过模型下瓦斯爆炸区域流的场模拟效果的对比分析，模拟效果接近真实情况，为确定瓦斯爆炸后果严重性提供了一种新方法，但并未明确引起瓦斯爆炸的可能性因素。

法国的 Tauziede C 等人分析了已采矿井容易造成瓦斯积聚的区域，讨论了积聚状态的瓦斯在何种情况下会涌出，对发生瓦斯爆炸的危险性和瓦斯涌出到地表的可能性开展了评估，尤其是对已采矿井的瓦斯涌出至地表进而引起瓦斯爆炸的风险进行了评价。英国的 C. E. Fothergill 等人根据矿井风流流场的特点，应用软件进行了模拟，通过对比分析模型下瓦斯爆炸区域流场模拟效果，发现模拟效果接近真实情况，从而为瓦斯爆炸后果严重性的确定提供了新方法，但该方法并未明确指出导致瓦斯爆炸可能的因素。波兰的 Borowski Marek 等人利用神经网络算法对工作面的瓦斯涌出量进行预测分析，这是一种新的煤矿瓦斯风险评价方法。

王文超基于 LEC 方法，引入了瓦斯爆炸"人—机—环"系统不安全系数 K，构建了瓦斯爆炸重大危险源的风险评价模型，其方程为 $H = KLEC/6000$。李志宪探讨了煤矿井下作业场所瓦斯爆炸易发性以及开展瓦斯爆炸易发性评价技术，同时根据瓦斯积聚达到爆炸浓度及引燃引爆热源同时存在的各种可能性推断出瓦斯爆炸的概率。张海峰依据三类危险源理论构建了煤矿瓦斯爆炸危险源风险预警指标体系，包括 18 个因素指标。王艳平分析了瓦斯爆炸基本条件的致灾因素，依据三类危险源理论构建了煤矿瓦斯爆炸危险源风险预警指标体系。郭佳利用事故树分析法确定了影响井下瓦斯爆炸事故发生的具体横向指标，如矿井开采因素、自然安全因素、矿井瓦斯危险源因素、矿井通风因素和矿井安全管理因素等，并根据这些横向指标构建了瓦斯爆炸风险综合指标体系。王轩根据瓦斯超限频率、瓦斯涌出强度和事故可能造成的损失，在分析该概率风险评价法的基础上，提出了瓦斯爆炸危险源风险评价值计算公式。严敏针从瓦斯状态、人、机、管理四个方面对综放面瓦斯爆炸危险性及其影响因素进行了全面分析，构建了预测指标体系，对综放面瓦斯爆炸危险性利用神经网络技术进行了评价。

其他行业爆炸风险评估方法的研究和实践工作也取得了一些进展。相关人员在风险评估的基础上，开展了一些应急预案的研究工作。

Ilyas Sellami 等使用 Sedov – Taylor 爆炸波模型进行定量结果分析，Danzi Enrico 对化工装置火灾爆炸危险指数法进行了研究。EFEF JIP 是由釜山大学牵头开展的针对 FPSO 的火灾爆炸项目，目的是开发出世界上先进的火灾爆炸评估方法：通过 LHS（Latin Hypercube Sampling）抽样法获得事件发生频率；采用 FLACS 来计算，依据扩散理论模型求得云团空间方位。高玉翠以 BP 神经网络作为评价工具，构建瓦斯爆炸灾害综合评价预测模型。如组合式的评价方法，安永林等将可拓学理论与简单关联函数结合，进行了瓦斯爆炸易发性评估；屈娟等运用模糊数学与 AHP 法进行危险性评估；施式亮等运用灰色聚类与 AHP 法进行了事故演化危险性风险评估等。还有一些采用了较为新颖的方法，如李润求等建立了 IAHP – ECM 和 PSO – SVM 风险评估模型，谢国民建立了 FOA – SVM 风险识别模式等。

爆炸事故的风险分析，主要都是从爆炸事故发生对于在爆炸现场作业人的风险进行分析，而都没有从爆炸事故发生后，就参与现场救援的人员的风险角度进行分析。

三、救援的风险评价研究现状

国外已将一些现有的评价方法应用在消防救援行动评估之中,例如:美国针对国家级别的各类灾难准备开展了详尽的评价,它对给予的十三个有关的紧迫事务解决职能作出了评价,每个州可以在相应层次开展自评,美国联邦调查局通过分析每一个层级的评价,预估出需要从哪些方面来提高国家消防救援水平和实力。Tsai 等研究了具有多米诺效应的化工厂火灾救援安全距离综合评价方法,并形成了化工厂火灾救援安全综合自评估模块。

我国在消防救援方面的评价起步较晚,近几年,国内学者对在我国应急救援体制中起主导作用的公安消防部队灭火救援能力做出了初步探讨,例如:夏登友采用相邻指标比较法和层次分析法来构建消防部队灭火救援作战力的综合评价模型。周剑锋将事件序列图用在火灾多米诺效应应急响应评估中。乔萍采用主成分分析方法对高层建筑灭火救援风险开展综合评价。曹文镁等用 Delphi 法来构建道路交通事故的救援风险评价指标体系,设置了 4 个一级指标、16 个二级指标,并运用层次分析法来确定各级指标权重,利用模糊评价的方法确定了道路交通事故救援风险评价的等级隶属度。王海荣基于 Vague 集理论与 E－V 准则,引入决策者的风险偏好,构建了矿井瓦斯爆炸风险决策评价模型,其主要作用是针对瓦斯爆炸事故的救援预案进行风险分析,算出不同预案的损失,以此来确定预案的优劣。

第二章　基于数模融合的爆炸事故救援定量风险评价模型

产生较为严重后果的爆炸事故多为化工厂（园区）爆炸（简称化工爆炸）和煤矿井下瓦斯爆炸（简称煤矿瓦斯爆炸）。因此，本书目前主要研究这两类爆炸事故的救援风险评价，而这两类爆炸事故是在不同的场景当中，一类是在开放空间发生的爆炸，另一类是在相对密闭的空间发生的爆炸。因此，救援的方法以及救援风险评价的方法肯定也是不同的。

此外，影响爆炸事故救援的风险因素很多，比如在井下瓦斯爆炸事故救援中救护人员主要伤害因素有爆炸冲击波、高温和有害气体等；化工爆炸事故救援中存在的伤害因素有爆炸冲击波、高温、有毒有害物质、建筑物倒塌、爆炸碎片抛射等。在上述两类爆炸中，有毒有害气体和物质可以通过穿戴呼吸器和防化服等设备加以防护，而化工爆炸场景中的建筑物倒塌、爆炸碎片抛射主要是因爆炸冲击波导致的。因此，无论是井下瓦斯爆炸事故还是化工爆炸事故，爆炸冲击波和高温伤害是不易避免的主要因素，本章主要针对这两项危害因素进行风险评价。

第一节　爆炸事故救援风险主要因素的确定

一、风险因素分析

爆炸事故救援的风险因素很多：发生多米诺事故效应（二次事故）、救援人员处于危险环境的时间、在危险环境救援的人员数量、救援及防护装备的水平、战斗员的技战水平、现场的天气情况等，但是在爆炸事故救援的风险因素中，我们只要找到决定性的因素即可。通过救援现场指挥人员及有关专家打分，最后确定爆炸事故救援风险的主要因素。

二、主要因素确定

设因素集 $U = \{u_1, u_2, \cdots, u_n\}$，$k$ 个专家，每个专家独立给出的因素 u_j 的权

重如下：

$$\begin{bmatrix} a_{1j} \\ a_{2j} \\ \vdots \\ a_{kj} \end{bmatrix}$$

k 个专家给出所有因素的权重排成矩阵如下：

$$\begin{bmatrix} a_{11} & a_{12} & \cdots & a_{1n} \\ a_{21} & a_{22} & \cdots & a_{2n} \\ \cdots & \cdots & \cdots & \cdots \\ a_{k1} & a_{k1} & \cdots & a_{kn} \end{bmatrix}$$

权重取加权平均：$a_j = \dfrac{1}{k} \sum\limits_{i=1}^{k} a_{ij} (j = 1, 2, \cdots, n)$，即得权重集 $A = (a_1, a_2, \cdots, a_n)$。

共取了 6 项因素进行问卷调查，即因素集为 $U = \{$发生多米诺事故效应（二次事故），救援人员处于危险环境的时间，在危险环境救援的人员数量，救援及防护装备的水平，战斗员的技战水平，现场的天气情况$\}$。

通过对危化、矿山救援队的指挥人员，危化安全研究机构的 10 名专家进行问卷调查，得到统计表 2 - 1。

表 2 - 1　危化安全研究机构专家问卷调查统计表

因素	专家 1	专家 2	专家 3	专家 4	专家 5	专家 6	专家 7	专家 8	专家 9	专家 10
u_1	0.35	0.40	0.38	0.50	0.20	0.55	0.45	0.42	0.60	0.36
u_2	0.25	0.20	0.26	0.20	0.20	0.20	0.22	0.30	0.10	0.20
u_3	0.25	0.25	0.26	0.20	0.20	0.10	0.22	0.20	0.10	0.30
u_4	0.05	0.07	0.03	0.02	0.15	0.05	0.03	0.02	0.06	0.05
u_5	0.05	0.06	0.04	0.02	0.15	0.05	0.03	0.02	0.06	0.04
u_6	0.05	0.02	0.03	0.06	0.10	0.05	0.05	0.04	0.08	0.05

经过计算，得到权重集 $A = (0.421, 0.213, 0.208, 0.053, 0.052, 0.053)$。

可以看出，发生多米诺事故效应（二次事故）、救援人员处于危险环境的时间、在危险环境救援的人员数量是专家们认为的爆炸现场救援的主要风险因素。

第二节　爆炸事故救援风险评价方法构建

无论是化工爆炸事故，还是煤矿井下爆炸事故，都极易因初始事故引发多米诺效应（二次事故）。二次事故相较初始事故往往伤害更大，造成的人员伤亡及财产损失更严重，大大增加救援工作的难度，所以在各种救援工作中应极力预防二次事故的发生。

要做好化工爆炸事故的救援风险分析，一定要考虑爆炸初始事故造成的多米诺效应，从而避免二次事故对救援人员产生的伤害。因此，在定量分析化工爆炸事故救援风险时可以引入多米诺事故风险分析的相关方法。

在煤矿事故的风险定量分析中，多采用事故树法（FTA）进行分析。因此，将 FTA 引入煤矿瓦斯爆炸事故救援风险定量分析中。

此外，爆炸事故的救援从某种意义上来说也是一种危险条件下的特殊作业，可以将作业条件危险性评价方法（LEC）与上述两个评价方法相结合来分别进行化工爆炸事故、煤矿瓦斯爆炸事故的救援风险定量分析。

上述方法都是用来评估生产过程中的风险，其评估的因素与发生事故时进行应急救援所需要考虑的因素有所不同，而且其定量评估的因素都是用经验公式得出的数据，因此有必要对上述方法进行改造：一是改变其评估因素及其参数代表的含义，二是将其中某些用经验公式得到数据的方式改为用数值模拟结果或神经网络算法预测结果代替，从而同时提高其精确性和快速性。

一、数模融合方法

人类认知能力的提高源于发现、掌握规律，而这些规律通常可以用数学模型来表达。确定数学模型可以分两步：一是确定数学模型（狭义的模型），二是确定模型参数。但有些问题很难确定它的数学模型，因此，人们想到用多个粗糙、简单的模型进行组合来逼近真实模型（大概的构想）。具体方法：先建立一个简单的模型，再用大量的数据来细化、充实，使模型不断地契合数据（Fit Data），这就是数据驱动方法。因为它不是预设模型，而是先有大量的数据，然后用很多简单的模型来不断契合数据。虽然，通过上述方法找到的模型和真实模型可能存在一定的偏差，但只要在误差允许的范围内，在某些场景的应用中可以认为这样的模型和精确的模型是等效的。当然从数据出发也有极少的情况会得到真实的模型，但这并不是数据驱动方法的目标。数据驱动方法的主要目标就是近似替代，它不是为了追求真实的规则或物理过程，仅仅是为了能够说明问题、解决问题，对于大多数需要解决的问题来说，能做到这点就能满足需要。它的使用前提是，具有大量的具有代表性的数据，在过去，做到这点非常困难，但大数据的普及使得这样的思路较为容易实现。

所以，数据驱动方法应用的意义在于，当对一个问题暂时不能构建简单而精确的模型时，我们可以依据现有的历史数据，构造出近似模型，再用新的数据来无限逼近真实的情况，这其实就是用计算量和数据量来换取研究时间。虽然，得到的模型和真实情况有偏差，但却足以指导实践。数据驱动方法另外一个特别大的优势是能够最大程度利用快速发展的计算机技术如人工智能算法、大数据等。

因此，这里把采用爆炸场景的历史数据、实验数据利用神经网络不断进行深度学习训练以获得爆炸后相关结果数据（如冲击波压力、温度等）的方法，称之为数据驱动法。而采用数值模拟计算程序（商用程序、自编程序）利用求解N-S方程获得爆炸后相关结果数据（压力、温度、速度等）的方法是基于构建爆炸的物理化学模型来实现的，称之为物理模型法。

把上述两种方法结合起来，也就是利用数值模拟计算得出数据供神经网络学习算法学习的方法，称之为数模融合法。

为爆炸事故救援风险评价提供定量结果数据的3种方法如图2-1所示。

图2-1 为爆炸事故救援风险评价提供定量结果数据的3种方法

二、人工智能算法

正如在第一章中分析的，要进行精准的爆炸事故救援定量风险分析，离不开爆炸的数值模拟。但是，在救援时，数值模拟的长时间计算显然会耽误救援的进展。所以，如何快速预测爆炸现场爆炸状况（如超压压力、温度）是一个亟待解决的问题。要快速、精确开展爆炸事故救援定量风险评价，基于人工智能的深度学习和数值模拟是必要的手段。近几年，人工智能的迅速崛起为这个问题的解决提供了一种可能，为此有必要对人工智能开展必要的研究，以便引入人工智能相关技术。

近年来，由于机器学习算法的进步和计算资源算力的增强，数据驱动的方法受到越来越多的关注，以 AlphaGo 为代表的人工智能工作原理也给编者提供了有益借鉴，其主要工作原理是基于"深度学习"的多层人工神经网络和训练它的方法。其中，一层神经网络会把大量数据作为神经网络的输入，然后通过非线性方法获取权重，再产生另一个数据集合来作为神经网络的输出。AlphaGo 开始的时候只是搭了一个基本的框架（多层的神经网络），它只掌握围棋最基本的规则，再无任何先验知识。然后直接用 20 万个人类高级棋手对局训练它，通过自动调节神经网络参数，让它的行为接近人类高手。这样，AlphaGo 就具有了基本的棋感，看到一个棋局大致就能知道如何落子。最后，AlphaGo 自己进行对弈，并把对弈的结果不断用于自己的训练，提高自己的预测准确性。

爆炸事故发生时，各种可能性也是非常多，这点类似围棋。那么，可以借鉴 AlphaGo 的这个思路来快速预测爆炸现场爆炸状况，首先搭建一个多层神经网络，利用实验数据、简单爆炸场景数值模拟数据对这个神经网络进行训练，然后再针对某个固定场景用数值模拟计算程序不停地改变爆炸参数并计算，计算的结果再返回给神经网络进行训练，不断地完善神经网络算法。

因此，引入人工智能算法很有必要性。

第三节　基于数模融合的定量救援风险评价方法

在进行爆炸事故救援定量风险评价时，爆炸的结果可以采用经验公式进行预测，但经验公式只是粗略的估算，并不是很精准；实验模拟法对于爆炸事故来说，全尺寸的实验模拟可以说几乎做不到；数值模拟法基于物理原理，结果会很精确，但场景复杂时，计算速度非常慢。

尽管经验公式预测法、实验模拟法和数值模拟法在快速、精确开展爆炸事故现场救援定量风险分析评价方面存在短板，但可以为数据驱动法提供大量的基础模拟数据，尤其是数值模拟可以根据具体固定的场景产生大量精细化的计算数据，为数据驱动法实现精准预测奠定基础。考虑到化工园区的主要建筑物和煤矿井下巷道的状态长时间不会改变或者短时间内改变很小，可以视其为固定场景。

故而对于第一章提出的问题，可以用数模融合的方法为适用的爆炸事故救援风险评价方法提供数据判据来解决。具体来说就是引入神经网络算法，把爆炸现场影响爆炸结果的主要因素作为神经网络算法的输入神经元，这些主要因素要容易量化且容易快速得到具体数值。让神经网络算法从简单数据开始学习，可通过实验获得一些简单数据，也可以通过数值模拟程序建立简单的固定场景获得数据；然后再通过数值模拟软件构建较为复杂的固定场景获得计算数据，让神经网络算法递进学习；最后，建立某个生产企业的全量数值模型，用数值模拟软件自动不间断地对各种爆炸场景进行数值计算，以获得大量数据，让神经网络算法不断自我学习、更新。最后，采用上述数模融合法得出的数据结合现有定量风险评价模型，如多米诺事故风险分析法、事故树分析法（FTA）、作业条件危险性评价法（LEC）等，进行爆炸事故救援的定量风险分析。

同时，采用数模融合法将为构建爆炸事故动态应急救援预案提供数据基础，可以依据给定的判据，构建爆炸事故救援情景树，不同的数据会生成不同的救援预案，一旦事故发生时，救援的预案是根据爆炸事故现场的状况及时得出的，而且可以随着事故的演进，预案也会动态调整。整体思路框图如图 2 - 2 所示。

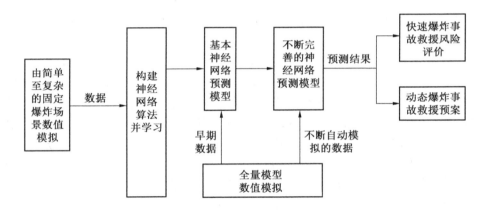

图 2 - 2　实现数模融合定量救援风险评价、动态事故预案的整体框图

为了对某个生产企业的全量数值模型实现自动不间断地进行各种爆炸场景的数值模拟计算，采用商用软件无法实现自动改变参数、自动计算。而且，某些重要企业的一些场景数据属于国家重要战略资源，不宜采用国外软件进行计算。所以，开发自主爆炸计算软件很有必要，编者所在的课题组就进行爆炸数值模拟方面的研究，并形成了较为成熟的计算程序，可以进行爆炸场景的建模、计算、后处理等，这为采用数模融合法进行爆炸事故救援的定量风险分析奠定了良好的基础。因此，也必须对爆炸事故的数值模拟进行研究，并不断完善程序的计算模型、速度以及使用的便捷性。

一、基于数模融合的多米诺、LEC 相结合的化工爆炸事故救援风险评价

1. 构建的依据

国外学者对过去 6099 起事故分析的结果表明，火灾事故占引发多米诺效应的数量的 41.4%，爆炸事故占引发多米诺效应的数量的 47%。

爆炸事故引发的多米诺效应通常会导致更多人员伤亡和经济损失，甚至会引起比初始事故更严重的事故。因此，有必要在初始事故发生后，防止多米诺效应产生。

在进行化工爆炸事故救援风险评价时，必须考虑到多米诺效应发生的情形。因此，需要引入多米诺风险评价的相关方法。

但是，在之前的学者研究中，对于多米诺效应传播概率的相关计算采用的是经验公式。经验公式大多情况是适用的，但是缺乏准确性和灵活性。因此，结合基于数值模拟计算的神经网络算法预测，可以大幅度提高不同场景概率计算的精确性。

LEC 评价法操作简单方便，它通过对单一类型事故发生的可能性（L）、作业人员暴露频率（E）、事故的后果（C）进行判断取值，得出该事故的后果等级（D），从而有利于快速掌握灾区的危险情况。因化工爆炸事故引起的多米诺事故类型有火灾、爆炸或既有火灾又有爆炸，导致事故发生因素非常复杂，使得救援指挥人员在运用 LEC 法时，很难直接给出事故发生可能性的具体分值。而且在实际操作中，还需要对每个致灾因素进行分析，操作起来较为复杂，效果不佳。若通过将多米诺事故致灾因素进行归类处理，然后综合决策，得出多米诺事故发生可能性的取值，则较为合理。

因此，采用多米诺风险评价和 LEC 评价相结合的方法，是本书关于化工爆炸事故救援风险评价模型的基本思想。

2. 化工爆炸事故多米诺传播概率

1）化工爆炸事故的多米诺风险分析

根据现有的多米诺事故传播概率公式来进行风险计算：

$$P_{ij} = \left(1 - \frac{r_{ij}}{r_{th}}\right)^2 \qquad (2-1)$$

式中，P_{ij} 表示第 i 个设施发生事故，第 j 个设施发生多米诺事故的概率；r_{ij} 表示第 i 个设施与第 j 个设施之间的距离；r_{th} 表示初始事故能引起破坏的最大距离，即能够达到触发多米诺效应破坏阈值的距离。

阈值距离 r_{th} 要根据火灾、爆炸、碎片抛射 3 种不同的初始事故情景分别进行计算。

本书将数值模拟计算结果或神经网络算法预测结果引入到传播概率计算，因此在计算初始事故为爆炸情景时，不再采用原有的经验计算公式，而是根据数值模拟程序（神经网络算法）计算（预测）出第 i 个设施发生爆炸事故时，第 j 个设施处的最大压力值，然后与第 j 个设施的破坏压力阈值进行比较，若大于压力阈值则触发多米诺效应引发二次事故，若小于压力阈值则不触发多米诺事故。

假设发生爆炸的场景中共有 n 个能引起第二次事故的工艺设施，设施 i 与设施 j 之间的距离为 r_{ij}；$Prof_{ij}$ 是工艺设施 i 发生爆炸事故后，第 j 个工艺设施产生火灾事故多米诺效应的概率；$Prob_{ij}$ 是工艺设施 i 发生爆炸事故后，第 j 个工艺设施产生爆炸事故多米诺效应的概率；$Pros_{ij}$ 是工艺设施 i 发生爆炸事故后，引起碎片抛射，第 j 个工艺设施产生爆炸事故多米诺效应的概率。

rf_{th}、rs_{th} 分别表示初始事故能引起次生火灾、爆炸的最大距离，即能够达到触发多米诺效应破坏阈值的距离。

2）多米诺事故概率计算

下面分别计算火灾、爆炸、碎片引起多米诺效应的概率。

（1）爆炸事故引起火灾事故多米诺效应概率计算。

$$Prof_{ij} = \left(1 - \frac{r_{ij}}{rf_{th}}\right)^2 \qquad (2-2)$$

$$rf_{th} = \frac{Q}{4\pi}I_{th} \qquad (2-3)$$

式中　I_{th}——火灾的损坏阈值。

（2）爆炸事故引发二次爆炸事故概率计算。通过神经网络算法预测，可以得出当第 i 个设施发生爆炸事故时，第 j 个设施所受的压力值为 P_{ij}，第 j 个设施的爆炸冲击波损坏阈值为 PD_j。在这里，为神经网络算法预测结果引入一个修正系数 S_l（$0 < S_l < 1$）。这个修正系数，是根据通过神经网络算法预测已经发生的爆炸事故的准确率给出的，一般来说 S_l 取实际发生作用的预测结果最大平均相对误差。

如果 $P_{ij} \geqslant PD_j$，则 $Prob_{ij} = 1$，如果 $P_{ij} < PD_j$，则 $Prob_{ij} = (P_{ij}/PD_j)(1 + S_l)$。

（3）爆炸碎片抛射引起二次事故多米诺效应概率计算。

$$Pros_{ij} = \left(1 - \frac{r_{ij}}{rs_{th}}\right)^2 \qquad (2-4)$$

$$rs_{th} = \begin{cases} 90m^{0.33}, V > 50 \text{ m}^3 \\ 465m^{0.10}, V < 50 \text{ m}^3 \end{cases} \qquad (2-5)$$

可以将上面 3 种情景发生多米诺效应的概率中的最大值视为初始事故的发生导致多米诺事故的概率 Pro_{ij}。

$$Pro_{ij} = \max\{Prof_{ij}, Prob_{ij}, Pros_{ij}\} \qquad (2-6)$$

3. 化工爆炸事故救援的改进 LEC 评价

依然采用 L、E、C 3 个因素指标值的乘积来评价操作人员伤亡风险大小，即 $D=LEC$，但是结合化工爆炸事故救援的实际情况对 3 个因素的指标具体含义进行了重新定义。对于 LEC 评价的 4 个表（表 2-2～表 2-5）的分值没有改变，只是对分值对应的内容参照救援作业的相关内容做以修正，修改内容较大的是人员暴露于危险环境的频繁程度，这个表格内容的确定是根据救援的实际情况作出的，经过测算，同时也是通过对专业救援指挥人员进行问卷调查得出的，比较符合救援风险的实际情况。

表2-2　发生多米诺事故的可能性（L）

分值数	发生多米诺事故的概率（Pro_{ij}）	发生事故的可能性
10	$0.5 < Pro_{ij} \leq 1$	完全可以预料
6	$0.1 < Pro_{ij} \leq 0.5$	相当可能
3	$0.01 < Pro_{ij} \leq 0.1$	可能，但不经常
1	$0.005 < Pro_{ij} \leq 0.01$	可能性小，完全是意外
0.5	$0.001 < Pro_{ij} \leq 0.005$	很不可能，可以设想
0.2	$0.0001 < Pro_{ij} \leq 0.001$	极不可能
0.1	$0 \leq Pro_{ij} \leq 0.0001$	实际不可能

表2-3　救援人员暴露于危险环境的频繁程度（E）

分值数	救援人员暴露于危险环境的频繁程度	分值数	救援人员暴露于危险环境的频繁程度
10	一直处在危险环境中	2	在危险环境救援30分钟
6	在危险环境救援4个小时	1	在危险环境救援15分钟
3	在危险环境救援2个小时	0.5	在危险环境救援5分钟

表2-4　发生事故造成后果的严重程度（C）

分值数	发生二次事故可能造成的后果	分值数	发生二次事故可能造成的后果
100	10名以上救援人员死亡	7	有救援人员重伤
40	数名救援人员死亡	3	有救援人员轻伤
15	1名救援人员死亡	1	救援人员基本安全

表 2 - 5　化工爆炸事故救援风险等级评价标准（$D = LEC$）

D 值	风险等级	救 援 风 险
> 320	1	极其危险，不能开展救援
160 ~ 320	2	高度危险，远距离观察
70 ~ 160	3	显著危险，近距离待命
20 ~ 70	4	一般危险，侦察后短时救援
< 20	5	稍有危险，可以救援

确定了上述 3 个具有危险性的救援条件的分值，按公式进行计算，即可得危险性分值。据此，要确定其危险性程度时，则按下述标准进行评定：

一般说来，总分在 20 分以下认为是低危险的，这样的情况是可以救援的；如果危险分值在 70 ~ 160 分，那就有显著的危险性，救援队需要在灾区的安全区域待命；若危险分值在 160 ~ 320 分，那么必须远离灾区一定距离，待时机成熟再进入灾区；分值在 320 分以上的高分值表示救援现场环境非常危险，不能开展任何救援行动，直到救援环境得到改善为止。

二、基于数模融合的 FTA、LEC 相结合的瓦斯爆炸事故救援风险评价

1. 构建依据

据统计，2002—2017 年期间我国煤矿共发生重特大事故 434 起，死亡 9372 人。其中，瓦斯事故 279 起，死亡 6537 人，事故数和死亡人数分别占总量的 64.2% 和 69.8%。可见，瓦斯爆炸引起的事故是煤矿最为严重的事故。

井下发生瓦斯爆炸后，爆源附近会形成半真空状态，在这样的低压区内瓦斯容易重新积聚，并达到爆炸浓度而导致再次发生瓦斯爆炸，这就叫"二次爆炸"。而瓦斯发生二次爆炸也是很常见的，会造成更大的伤害。

瓦斯爆炸必须同时具备 3 个条件：适宜的瓦斯浓度、适宜的氧气含量、引爆火源。因而采取 FTA 来分析瓦斯爆炸的风险，是研究瓦斯爆炸风险的常用做法。

而 LEC 评价法操作简便、直观，采用其评估煤矿瓦斯爆炸事故救援风险等级清晰，适用性强。让矿山救护指挥人员能清楚掌握瓦斯爆炸事故救援存在的风险及风险程度，能够及早对各救援风险点采取针对性措施，实施风险预控。采用 FTA 和 LEC 评价相结合的方法，是本书关于煤矿瓦斯爆炸事故救援风险评价模型的基本思想。

2. 发生二次瓦斯爆炸的概率

1) 二次瓦斯爆炸的事故树分析

根据前述瓦斯爆炸事故发生必须同时具备 3 个条件，其事故树结构如图 2-3 所示，顶上事件 X 发生条件可表示为

$$X = X_1 X_2 X_3 = (X_{11} X_{12}) X_2 X_3 \tag{2-7}$$

对瓦斯爆炸事故树进行分析，可以看出，发生二次瓦斯爆炸的概率由下面 3 个概率共同决定：灾区气体浓度二次达到爆炸极限的概率、存在引爆（点燃）瓦斯混合气体的火源的概率、已达到瓦斯爆炸条件的气体同火源相遇的概率。这 3 个概率与发生二次瓦斯爆炸事故的概率之间的关系可表示为

$$P = P_1 P_2 P_3 \tag{2-8}$$

式中　　P——发生二次瓦斯爆炸的概率；

　　　　P_1——灾区气体浓度二次达到爆炸极限的概率；

　　　　P_2——点燃（引爆）瓦斯混合气体的火源的概率；

　　　　P_3——达到瓦斯爆炸条件的气体与火源相遇的概率。

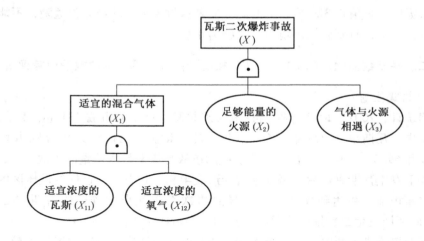

图 2-3　瓦斯爆炸事故树

2) 二次瓦斯爆炸概率的计算

要计算发生二次爆炸概率，就要分别计算 P_1、P_2、P_3 的值。

（1）P_1 值的确定。根据科瓦德爆炸三角形可以得出 4 种情况相应的概率值，存在：$P_{11} > P_{13} > P_{12} > P_{14}$（$P_{11} = 1$，$P_{14} = 0$），见表 2-6。

表2-6　灾区混合气体达到爆炸极限后发生爆炸的概率

可能的情况	第一种	第二种	第三种	第四种
瓦斯的浓度	（5%～16%）	（5%～16%）	＞16%	＜5%
氧气的浓度	＞12%	＜12%	＜12%	任意值
概率	P_{11}	P_{12}	P_{13}	P_{14}

（2）P_2 值的确定。煤矿井下能够引发瓦斯爆炸的火源可根据其存续时间分为持续性火源与瞬时性火源。其中，持续性火源是指首次引发瓦斯爆炸后，长时间存在且可以继续引发瓦斯爆炸所需能量的火源，比如自燃的煤炭、炽热的金属、明火等。此类火源引起的井下火灾或瓦斯爆炸在灾害发生之后，火源一直存在，并且具有再次引起瓦斯爆炸的能力。瞬时性火源是指首次引发瓦斯爆炸后，瞬间就消失了的火源，如电火花、撞击火花、电弧、矿灯等。由此类火源引起的矿井火灾或瓦斯爆炸在灾害发生后，原始火源就消失了。

在初始瓦斯爆炸事故发生后，爆炸的冲击波和热浪可能会到达井下的瓦斯库，若温度达到一定值，必然会引燃瓦斯库所在位置的易燃物质如煤炭等，这些被引燃的物质是持续性火源，短期内是不会熄灭的，待瓦斯库的瓦斯浓度达到爆炸极限就会再次爆炸。

所以，可以用神经网络算法进行计算，得出哪些瓦斯库的易燃物会被点燃。通过神经网络算法预测，可以得出当第 i 个瓦斯库发生爆炸事故后，第 j 个瓦斯库处的温度 T_{ij}，第 j 个瓦斯库的存在的所有可燃物的最低燃点为 TC_j。

同样的，在这里，为神经网络算法的计算结果引入一个修正系数 $S_2(0 < S_2 < 1)$。这个修正系数，是根据神经网络算法的预测准确率给出的，一般来说 S_2 取实际发生作用的预测结果最大平均相对误差。

如果 $T_{ij} \geqslant TC_j$，则 $P_2 = 1$；如果 $T_{ij} < TC_j$，则 $P_2 = (T_{ij}/TC_j)S_2$。

（3）P_3 的确定。由于瓦斯爆炸事故的模糊性和复杂性，救援人员通常无法准确掌握井下所发生灾情的真实信息，从而很难判断火源与可爆炸的混合气体相遇的概率是多少。在实际救援工作中，出于最大安全性考虑，可以认为其必然发生。因此，概率 $P_3 = 1$。

出于对现场救护人员生命安全的考虑，也为了防止事故进一步扩大，在开展救援作业时，通常认为只要灾区的气体达到了爆炸极限，就一定会引发瓦斯爆炸，即 $P = P_1$。

设井下易于积聚瓦斯有 i 处（包括初次发生瓦斯爆炸的地方），那么每个地方发生二次瓦斯爆炸的概率为 P_i，根据瓦斯爆炸事故树：

$$P_i = P_{1i}P_{2i}P_{3i}$$

式中　　P_i——井下第 i 个瓦斯积聚地发生二次瓦斯爆炸的概率；

　　　　P_{1i}——第 i 个瓦斯积聚地气体浓度达到爆炸极限的概率；

　　　　P_{2i}——第 i 个瓦斯积聚地存在可以引起瓦斯爆炸火源的概率；

　　　　P_{3i}——第 i 个瓦斯积聚地达到爆炸极限的气体与火源相遇的概率。

根据以上概率计算公式，我们可以算出井下瓦斯库发生二次瓦斯爆炸的概率，从而为救援指挥人员提供一个决策的依据。

3. 井下瓦斯爆炸事故救援的改进 LEC 评价

表2-7　发生二次瓦斯爆炸的可能性（L）

分值数	发生事故的可能性	发生二次瓦斯爆炸的概率（P_i）
10	完全可以预料	$0.5 < P_i \leqslant 1$
6	相当可能	$0.1 < P_i \leqslant 0.5$
3	可能，但不经常	$0.01 < P_i \leqslant 0.1$
1	可能性小，完全是意外	$0.005 < P_i \leqslant 0.01$
0.5	很不可能，可以设想	$0.001 < P_i \leqslant 0.005$
0.2	极不可能	$0.0001 < P_i \leqslant 0.001$
0.1	实际不可能	$0 \leqslant P_i \leqslant 0.0001$

表2-8　救援人员暴露于井下危险环境中的频繁程度（E）

分值数	救援人员暴露于井下危险环境的频繁程度	分值数	救援人员暴露于井下危险环境的频繁程度
10	一直处在危险环境中	2	在危险环境救援30分钟
6	在危险环境救援4个小时	1	在危险环境救援15分钟
3	在危险环境救援2个小时	0.5	在危险环境救援5分钟

表2-7～表2-9中3个具有危险性的救援条件的分值，按公式进行计算，即可得危险性分值。据此，要确定其危险性程度时，则按表2-10中的标准进行评定：

表2-9 发生事故造成后果的严重程度（C）

分值数	发生二次事故可能造成的后果	分值数	发生二次事故可能造成的后果
100	10名以上救援人员死亡	7	有救援人员重伤
40	数名救援人员死亡	3	有救援人员轻伤
15	1名救援人员死亡	1	救援人员基本安全

表2-10 井下瓦斯爆炸事故救援风险等级评价标准（D = LEC）

D 值	风险等级	救 援 风 险
>320	1	极其危险，不能开展救援
160~320	2	高度危险，在地面等待
70~160	3	显著危险，井下安全区待命
20~70	4	一般危险，侦察后短时救援
<20	5	稍有危险，可以救援

一般说来，总分在20分以下是被认为低危险的，这样的情况是可以下井救援的；若危险分值到达70~160分，就有显著的危险性，救援队需要在井下的安全区域待命；若危险分值在160~320分，那就必须在地面等待，时机成熟再进入灾区；分值在320分以上的高分值表示井下救援环境非常危险，不能开展任何救援行动，直到救援环境得到改善为止。

第四节　爆炸事故神经网络学习算法构建及训练结果评估验证

为了做好神经网络预测，必须选择恰当的神经网络算法。目前，神经网络算法有多种，每种都有自己的优点和局限。例如，BP（Back Propagation）神经网络最主要的优点是具有极强的非线性映射能力，但BP网络的隐层神经元数目对网络有一定影响。如果其神经元数目太少就会造成网络的不适性，而神经元数目太多又会引起网络的过适性。

一、神经网络算法

神经网络作为智能化识别处理系统中的核心技术，不仅能提高系统的智能化程度，还能增加系统的可靠性。其对环境良好的适应能力、学习能力以及自身的鲁棒性在数据信号的处理方面具有得天独厚的优势，几乎可以达到接近人脑思维的能力，实现智能化处理。

神经网络理论是巨量信息并行处理和大规模平行计算的基础，神经网络既是高度非线性动力学系统，又是自适应组织系统，可用来描述认知、决策及控制的智能行为。它的中心问题是智能的认知和模拟，从解剖学和生理学来看，人脑是一个复杂的并行系统，它不同于传统的 Neumann 式计算机，更重要的是它具有"认知""意识"和"感情"等高级脑功能以人工方法模拟这些功能，毫无疑问，有助于加深对思维及智能的认识。20 世纪 80 年代初，神经网络的崛起，已对认知和智力本质的基础研究乃至计算机产业都产生了空前的刺激和极大的推动作用。

神经网络算法是根据逻辑规则进行推理的过程。逻辑性的思维是指根据逻辑规则进行推理的过程；它先将信息化成概念，并用符号表示，然后，根据符号运算按串行模式进行逻辑推理；这一过程可以写成串行的指令，让计算机执行。然而，直观性的思维是将分布式存储的信息综合起来，结果是忽然间产生的想法或解决问题的办法。这种思维方式的根本之点在于信息是通过神经元上的兴奋模式分布存储在网络上，以及信息处理是通过神经元之间同时相互作用的动态过程来完成的。

二、广义回归神经网络（GRNN）

广义回归神经网络是建立在数理统计基础上的径向基函数网络，其理论基础是非线性回归分析。GRNN 具有很强的非线性映射能力和学习速度，比 RBF 具有更强的优势，网络最后都收敛于样本量集聚较多的优化回归，样本数据少时，预测效果很好，网络还可以处理不稳定数据。一般可以通过径向基神经元和线性神经元可以建立广义回归神经网络。

广义回归神经网络（GRNN）是在 1991 年由美国学者 Don – ald F. Spencht 提出的，它是建立在数理统计基础上的径向基函数网络，是基于径向基函数网络的一种改进，具有很强的非线性拟合能力，可以映射任意的、复杂的非线性关系，并且学习规则非常简单，使其便于计算机来加以实现。GRNN 在结构上由四层构成，分别为输入层、模式层、求和层和输出层。输入层神经元的数目等于学习样本中输入向量的维数，各神经元是简单的分布单元，直接将输入变量传递给模式层。模式层神经元数目等于学习样本的数目 n，各神经元对应不同的样本。求和层中使用两种类型神经元进行求和。输出层中的神经元数目等于学习样本中输出向量的维数 k，各神经元将求和层的输出相除，经元 j 的输出对应估计结果 $Y(X)$

的第 j 个元素。

它的优点是具有很强的非线性映射能力、记忆能力、强大的自学习能力以及超强的鲁棒性。与 RBF 网络相比，GRNN 在逼近能力和学习速度上具有更强的优势，而且它的网络最后都收敛于样本数量积聚较多的优化回归面。当样本数据较少时，它的预测效果也很好。同时，GRNN 还可以处理不稳定数据。因而其应用场景较多，广泛应用在结构分析、信号过程、能源、控制决策系统、教育产业、金融、食品科学、药物设计与生物工程等领域。其缺点是难以反映出系统真正的输入输出关系。

考虑到影响爆炸传播的因素比较多，也就是神经网络的输入较多，若选用 BP 神经网络会造成网络的过适性，而选用 GRNN 恰好能规避这个问题，而且不要求全面反映输入输出关系，所以选择 GRNN 是比较理想的。

三、基于广义神经网络的爆炸事故自学习算法构建

1. 算法的输入、输出构建

当井下发生瓦斯爆炸事故时，巷道某一处产生的压力和温度，主要取决于以下因素：爆源的爆炸烈度、爆源的位置、该处离爆源的最短折线距离、巷道的截面积、在爆源和观测点之间的障碍物的数量、高度、面积、距离、外形等都会影响到冲击波的传播，进而影响到观测点处的冲击波压力值及温度值。

在一个化工园区的爆炸场景中，当发生爆炸事故时，爆炸场中的某个建筑物是否被损毁主要取决于以下因素：爆源的爆炸烈度（包括高压罐体受热物理爆炸和泄漏燃料的化学爆炸）、爆源的位置、建筑物离爆源的距离、泄漏气体的属性、在建筑物与爆源之间是否还存在其他建筑物、这些建筑物的高度、面积、距离、外形等都会影响到冲击波的传播，进而影响到冲击波的压力能否达到损毁某个建筑物的阈值。

可以看出，在一个爆炸场景中，影响爆炸结果的主要是两个方面的参数在起作用，一个是爆源相关参数；另一个是在爆炸场景的地形参数，地形参数包括基本地理形状、障碍物的疏密程度，这些可以用几何参数加以描述。当然，地形参数的用几何参数描述起来特别复杂，尤其是障碍物的情况。但是若在一个固定的化工园区或固定的煤矿，场景的变化是很小的，因此在设计神经网络算法的时候可以把地形参数视为常量，这样，只要把爆源的相关参数和观测点的参数作为神经网络算法的输入向量即可。此外，在每个不同的参数条件下，某个观测点的压力、温度值在不同的时刻是不一样的，我们取这个观测点在爆炸发生期间的压力、温度峰值作为输出向量；具体参数在第三、四章中列表描述。

39

2. 算法的训练

从上面神经网络算法的输入、输出构建可以看出提供给神经网络学习算法的数据为：爆源参数＋观测点参数＋观测点压力（温度）峰值。

因而，依据前节的思路，用大数据来解决快速计算的问题，我们需要构建神经网络算法的输入层。有了输入层数据后，经由模式层和求和层计算后便得到输出（结果）。

采用场景逐渐复杂的方法来逐步构建神经网络算法，由简单场景的数据开始学习训练、测试验证，逐步过渡到较为复杂的场景。每一类场景形成的特征数据，随机选择70%用于神经网络算法学习训练，其余30%用来测试验证。

用于学习训练的数据来源有实验和数值模拟两种方式，但爆炸实验做起来比较麻烦，需要做大量的准备工作，做一次实验的准备时间也比较久，因此不可能通过实验形成大量的数据，大量数据的获得还是要靠数值模拟。前面也已经对采用商用模拟软件的弊端进行了分析，所以从长远来讲还是要采用自编的数值模拟程序，但要想不断提高自编数值模拟程序的准确性，就必须开展实验，只有通过实验不断地验证，才能进一步完善自编程序的准确性、丰富自编程序的功能，国外商用软件也是通过这种方式来不断提高准确性和丰富功能的。所以，保留实验的能力是非常有必要的。

根据前述方法构建一个广义神经网络，由四层构成：输入层、模式层、求和层与输出层，其中，输入层的数据来自于爆源和爆炸场景地形参数，也可以把输入层、模式层合称为径向基层，在结构上与 RBF 网络结构相似。对应的网络输入 $X = [x_1, x_2, L, x_n]^T$，输出为 $Y = [y_1, y_2, L, y_n]^T$。爆炸场景神经网络模型计算流程如图 2-4 所示。广义回归网络结构图如图 2-5 所示。

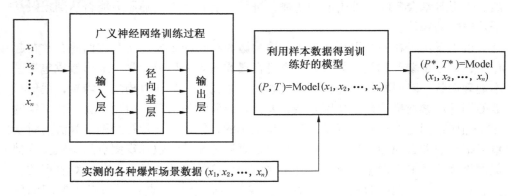

图 2-4　爆炸场景神经网络模型计算流程

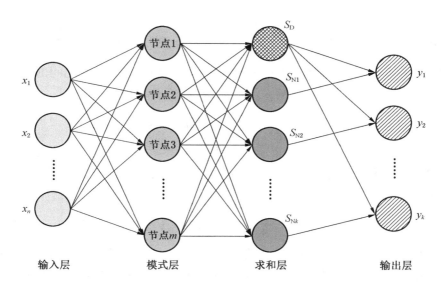

图 2 - 5　广义回归网络结构图

（1）输入层。输入层神经元的数目与爆源和爆炸场景地形参数（称之为学习样本）所形成的输入向量维数是相同的，各神经元都是简单的分布单元，将输入变量直接传递给模式层。

（2）模式层。模式层神经元的数目与学习样本的数目 n 相等，各神经元与不同的样本相对应，该层神经元传递函数为

$$p_i = \sqrt{\frac{(X-X_i)^{\mathrm{T}}(X-X_i)}{2\sigma^2}} \quad (i=1,2,\cdots,n) \tag{2-9}$$

式中　　X——网络的输入变量；

X_i——第 i 个神经元所对应的学习样本。

神经元 i 的输出为输入变量与对应样本 X 之间的平方欧式距离（Euclid 距离的平方），即 $D_i^2=(X-X_i)^{\mathrm{T}}(X-X_i)$。

（3）求和层。求和层使用两种类型的神经元进行求和。

一类采用公式 $\sum\limits_{i=1}^{n}\sqrt{\dfrac{(X-X_i)^{\mathrm{T}}(X-X_i)}{2\sigma^2}}$ 对所有模式层神经元输出进行算术求和，它的模式层跟各神经元的连接权值为 1，其传递函数为

$$S_D = \sum_{i=1}^{n} P_i \tag{2-10}$$

另一类采用公式 $\sum\limits_{i=1}^{n} Y_i \sqrt{\dfrac{(X-X_i)^{\mathrm{T}}(X-X_i)}{2\sigma^2}}$ 对所有模式层神经元加权求和，使模式层中第 i 个神经元和求和层中第 j 个分子相加，而神经元之间的连接权值是第 i 个输出样本（Y_i）中的第 j 个元素，其传递函数为

$$S_{Nj} = \sum_{i=1}^{n} Y_{ij} P_i \quad (j=1,2,\cdots,k) \tag{2-11}$$

（4）输出层。该层中的神经元数目与学习样本中输出向量的维数 k 相等，将各神经元求和层的输出相除，而神经元 j 的输出与估计结果的第 j 个元素对应，即

$$y_j = \frac{S_{Nj}}{S_D} \quad (j=1,2,\cdots,k) \tag{2-12}$$

在本书中，因为神经网络算法的学习训练是在不发生事故时进行的，所以对程序计算的时间，关注的重点在训练后的输出，算法输出部分的时间复杂度为 $O(3n^2)$。

四、神经网络算法学习训练结果评估与交叉验证

广义回归神经网络计算理论基础是假设 $f(x,y)$ 是随机变量 x、y 的联合概率密度函数，现已知 x 的观测值为 X，则 y 是相对于 X 的回归，条件均值为

$$\hat{Y} = E(y/X) = \frac{\int_{-\infty}^{\infty} y f(X,y)\,\mathrm{d}y}{\int_{-\infty}^{\infty} f(X,y)\,\mathrm{d}y} \tag{2-13}$$

式中，$\hat{Y}$ 为在输入是 X 条件下，Y 的预测输出。

应用 Parzen 非参数估计，以样本数据集 $\{x_i,\ y_i\}_{i=1}^{n}$ 来估算出密度函数 $\hat{f}(X, y)$。

$$\hat{f}(X,y) = \frac{1}{n(2\pi)^{\frac{p+1}{g}}\sigma^{p+1}} \sum_{i=1}^{n} \sqrt{-\frac{(X-X_i)^{\mathrm{T}}(X-X_i)}{2\sigma^2}} \sqrt{-\frac{(X-Y_i)^2}{2\sigma^2}} \tag{2-14}$$

式中，X_i、Y_i 分别为随机变量 x、y 的样本观测值；n 为样本容量；p 为随机变量 x 的维数；σ 为高斯函数宽度系数，也称之为光滑因子。

以 $\hat{f}(X, y)$ 替代 $f(X, y)$ 代入条件均值公式，然后交换积分与加和顺序得出：

$$\hat{Y}(X) = \frac{\sum\limits_{i=1}^{n} \sqrt{-\dfrac{(X-X_i)^{\mathrm{T}}(X-X_i)}{2\sigma^2}} \int_{-\infty}^{+\infty} y \sqrt{-\dfrac{(Y-Y_i)^2}{2\sigma^2}}\,\mathrm{d}y}{\sum\limits_{i=1}^{n} \sqrt{-\dfrac{(X-X_i)^{\mathrm{T}}(X-X_i)}{2\sigma^2}} \int_{-\infty}^{+\infty} \sqrt{-\dfrac{(Y-Y_i)^2}{2\sigma^2}}\,\mathrm{d}y} \quad (2-15)$$

由于 $\int_{-\infty}^{\infty} Ze^{-z^2}\mathrm{d}z = 0$,在完成两个积分进行计算之后,便可得到网络输出 $\hat{Y}(X)$ 为

$$\hat{Y}(X) = \frac{\sum\limits_{i=1}^{n} Y_i \sqrt{-\dfrac{(X-X_i)^{\mathrm{T}}(X-X_i)}{2\sigma^2}}}{\sum\limits_{i=1}^{n} \sqrt{-\dfrac{(X-X_i)^{\mathrm{T}}(X-X_i)}{2\sigma^2}}} \quad (2-16)$$

估计值 $\hat{Y}(X)$ 为所有样本观测值 Y_i 加权平均值,每个 Y_i 的权重因子即是相应样本 X_i 与 x 的 Euclid 距离平方的指数。当 σ 非常大时, $\hat{Y}(X)$ 近似等于所有样本因变量的平均值。相反的,当 σ 趋近于 0 时, $\hat{Y}(X)$ 与训练样本将会非常接近,而当需预测的点含在训练样本集中时,公式求出的因变量预测值将会和样本中对应因变量很接近,一旦碰到样本集未能包含进去的点,则有可能预测的效果会很差,出现这种现象则表明网络泛化能力较差。当 σ 取合适的值时,求得预测值 $\hat{Y}(X)$,则所有训练样本的因变量全部被考虑进去了,此时,与预测点距离较近的样本点对应的因变量则被加大了权重。

具体的到井下瓦斯爆炸和化工爆炸,不同的场景的神经网络预测的光滑因子会不一样,而且随着数据的逐步完善,光滑因子也会随着改变。对于不同的光滑因子,将对预测结果的均方误差进行比较,选择均方误差最小的光滑因子用于预测模型。当然,只用这一种方法来判断数据训练的结果,可能会存在真实效果不佳的风险,因此有必要采用其他的方法来进行交叉验证。本书采用的是对测试结果进行相对误差分析,具体来说就是计算每个测试预测值的相对误差,然后分析相对误差的分布情况,以此来确认选取的光滑因子能否满足实际需要,有关爆炸场景的预测结果交叉验证将在第三、四章结合实际的数据进行分析。

第五节　爆炸事故自动数值模拟计算、自动学习系统构建

正如前面所分析,当爆炸事故发生时,大多数事故救援只是根据指挥员的经验进行分析、决策,少数会根据经验公式进行粗略估计,没有指挥员会根据事故

数值模拟结果来分析事故救援风险，主要是因为数值模拟的时间较长，救援决策时间短，等不起。之前，也已提出利用神经网络算法预测爆炸结果，通过对比分析，这种快速获得爆炸结果的方法是可行的。为了获取数据，可以采用商用软件的计算结果，也可以自己编程获得。在已有国外商用软件能够进行爆炸数值模拟的情况下，本研究还要采用自行编写的爆炸软件，是基于以下原因：一是国外商用软件没有自动模拟、自动学习模块，也没有救援风险评估模块，若要自编自动学习、风险评估程序，再去读取国外商用软件的数值模拟计算结果，会很烦琐，而且程序的健壮性很差；二是国外商用软件的价格高昂；三是国家在一些关键性的行业鼓励采用国产软件；四是国外商用软件为英文版，不易上手使用。所以，本书对爆炸的数值模拟进行了研究，编制了爆炸事故数值模拟计算程序，可以自动快速建模、自动数值模拟计算，采用神经网络算法自动学习并快速生成爆炸结果，还可以根据结果进行救援风险评价、构建动态应急救援预案。当然，在进行神经网络算法的训练学习的时候是可以采用国外商用程序的一些计算结果的，这也是不断丰富神经网络预测模型所需要的大量数据的一个补充方法。

采用 Visual C++ 将数值模拟求解模型用编程的形式加以实现，形成软件的计算模块，采用 OpenGL 相关技术构建建模模块，实现自由建模功能，同时采用构建的神经网络算法针对某个煤矿井下场景或化工厂（园区）场景不断自动采集数值模拟计算数据、自动学习，并根据神经网络算法预测结果或数值模拟结果为定量救援风险评价、动态预案生成、桌面演练模块提供计算判据。

一、系统的主要功能

系统软件主要有数值模拟计算、神经网络算法预测、救援风险评价和动态预案生成等模块。此外，桌面推演模块已单独编制，尚未与软件对接，但已留好对接接口，桌面推演模块将在第五章阐述。

1. 数值模拟计算模块

通过内置双方程湍流模型，求解 N－S 方程，差分格式支持二阶高级差分格式，基于有限速率法实现危险物扩散、燃烧和爆轰过程。其中，危化品现场的复杂建筑，可通过导入地理地图（含高程），实现自动建模；根据实际情况需要可实现快速或详细计算；采用先进的笛卡尔网格生成技术，可实现快速生成高质量网格；可以根据需要进行网格划分，在后处理模块可以绘制场景中某个点的压力等曲线、生成三维压力场演变动图等。软件功能框架如图 2－6 所示。自编系统的主界面如图 2－7 所示。

本模块的数值模拟计算数据为神经网络算法预测模块提供了数据基础，本模

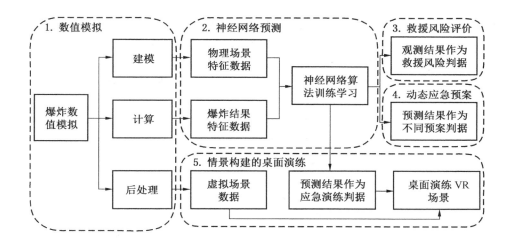

图 2-6　软件功能框架

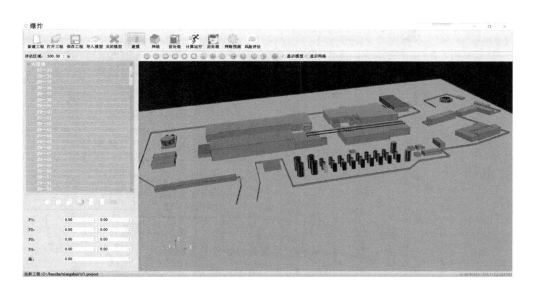

图 2-7　自编系统的主界面

块的后处理数据形成的三维虚拟场景数据为桌面演练 VR 场景提供了数据基础。

2. 神经网络算法预测模块

根据设置好的环境条件让数值模拟计算模块进行自动不间断数值模拟计算，

将计算结果与环境条件数据组合成神经网络算法的学习数据自动存入数据库，然后再采用构建好的神经网络算法自动调取学习数据、自动学习，并不断自我优化、自我迭代、自我升级。数据的获取方式和神经网络学习过程、预测方法将在第三、四章中介绍。图 2-8 所示为神经网络算法自动学习流程图。

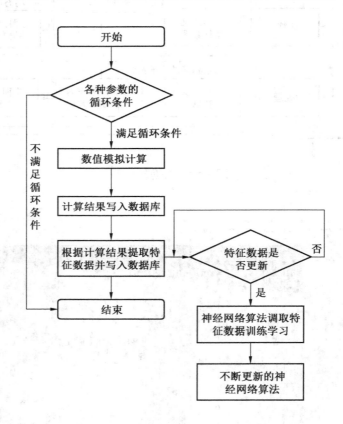

图 2-8　神经网络算法自动学习流程图

下面是神经网络算法的主要代码，用 Python 语言编写，然后嵌入主程序：
##归一化处理

```
min_max_scaler = preprocessing.MinMaxScaler(feature_range = (0,1))
min_max_scaler.fit(all_data[feature_name])
X_train,X_test,y_train,y_test = train_test_split(min_max_scaler.
transform(all_data[feature_name]),all_data[target],test_size = 0.3,ran-
```

```
dom_state=1218)
    appX=min_max_scaler.transform(app_data[feature_name])
    appY=app_data[label_name[0]]
    return np.mat(X_train),np.mat(y_train).T,np.mat(X_test),np.mat(y_
test).T,np.mat(appX),np.mat(appY).T
    def distance(X,Y):
##计算两个样本之间的距离
    return np.sqrt(np.sum(np.square(X-Y),axis=1))
    def distance_mat(trainX,testX):
##计算待测试样本与所有训练样本的欧式距离
    input:trainX(mat);//训练样本
    testX(mat);//测试样本
    output:Euclidean_D(mat);//测试样本与训练样本的距离矩阵
    m,n=np.shape(trainX)
    p=np.shape(testX)[0]
    Euclidean_D=np.mat(np.zeros((p,m)))
    for i in range(p):
        for j in range(m):
            Euclidean_D[i,j]=distance(testX[i,:],trainX[j,:])[0,0]
    return Euclidean_D
    def Gauss(Euclidean_D,sigma)://测试样本与训练样本的距离矩阵对应的
Gauss矩阵
    input:Euclidean_D(mat);//测试样本与训练样本的距离矩阵
        sigma(float);//Gauss函数的标准差
    output:Gauss(mat);//Gauss矩阵
    m,n=np.shape(Euclidean_D)
    Gauss=np.mat(np.zeros((m,n)))
    for i in range(m):
        for j in range(n):
            Gauss[i,j]=math.exp(-Euclidean_D[i,j]/(2*(sigma**
2)))
    return Gauss
    def sum_layer(Gauss,trY)://求和层矩阵,列数等于输出向量维度+1,其中
```

47

0 列为每个测试样本 Gauss 数值之和

```
    m,l = np.shape(Gauss)
    n = np.shape(trY)[1]
    sum_mat = np.mat(np.zeros((m,n + 1)))
    ##对所有模式层神经元输出进行算术求和
    for i in range(m):
        sum_mat[i,0] = np.sum(Gauss[i,:],axis = 1) //sum_mat 的第 0 列为
每个测试样本 Gauss 数值之和
    ##对所有模式层神经元进行加权求和
    for i in range(m):
        for j in range(n):
            total = 0.0
            for s in range(l):
                total + = Gauss[i,s] * trY[s,j]
            sum_mat[i,j + 1] = total ##sum_mat 的后面的列为每个测试
样本 Gauss 加权之和
    return sum_mat
    ##输出层输出
    def output_layer(sum_mat);
    input:sum_mat(mat);//求和层输出矩阵
    output:output_mat(mat);//输出层输出矩阵
    m,n = np.shape(sum_mat)
    output_mat = np.mat(np.zeros((m,n - 1)))
    for i in range(n - 1):
        output_mat[:,i] = sum_mat[:,i + 1]/sum_mat[:,0]
    return output_mat
    def mse(y_predict,y_ture):
    return np.mean((y_predict - y_ture)** 2)
```

本模块为应急救援风险评价、动态应急救援预案生成和桌面推演 3 个模块提供了爆炸结果预测数据，形成了相关评价条件和判据。自动数值模拟计算程序界面如图 2 - 9 所示。

3. 救援风险评价和动态预案生成模块

通过数值模拟结果或神经网络算法预测结果，可实现危险区、死亡线等区域

图 2-9　自动数值模拟计算程序界面

标识、实现救援风险评价，为专家做出定量风险决策提供指导。救援风险计算程序界面如图 2-10 所示。

救援风险计算程序界面

序号	建筑设施	预测的压力值（brag）	多米诺事故概率	L	E	C	D=L×E×C	救援风险等级
1	CC-601A屋	2.6631224	1	10	2	40	800	1
2	CC-601B屋	3.1165278	1	10	2	40	800	1
3	CC-601D屋	3.0598643	1	10	2	40	800	1
4	CC-601E屋	2.937088	1	10	2	40	800	1
5	CC-602A屋	2.2950323	1	10	2	40	800	1
6	CC-602B屋	2.4402894	1	10	2	40	800	1
7	CC-602C屋	3.0568189	1	10	2	40	800	1
8	CC-603A屋	1.469414	.6264	10	2	40	800	1
9	CC-603B屋	1.8994443	.923	10	2	40	800	1
10	CC-604A屋	2.1813272	1	10	2	40	800	1
11	CC-604B屋	1.6111487	.7084	10	2	40	800	1
12	CC-604C屋	.8566327	.0457	3	2	15	90	3
13	CC-604D屋	1.4962874	.494	6	2	40	480	1

图 2-10　救援风险计算程序界面

二、井下瓦斯爆炸事故数值模拟

1. 基本假设

为开展瓦斯爆炸过程数值模拟，首先要进行一些合理的简化条件假设：

（1）瓦斯被点燃之前，管道（巷道）内的气体为静态、常温常压、均匀的瓦斯混合气体。

（2）参与燃烧的混合气体比热容符合混合规则，且组分比热容（C_p）为温度（T）的函数：

当 $T_{min1} < T < T_{max1}$ 时，$C_P(T) = A_1 + A_2 T + A_3 T^2 + \cdots$

当 $T_{min2} < T < T_{max2}$ 时，$C_P(T) = B_1 + B_2 T + B_3 T^2 + \cdots$

其中，T 为开氏温度，K；Cp 为定压比热容，J/kg·K；A_1、A_2、$A_3\cdots$和 B_1、B_2、$B_3\cdots$是比热容系数。

（3）瓦斯气体爆炸的过程为单步的不可逆反应。

（4）爆炸过程绝热，管道（巷道）内密闭空间同外部（包括壁面）的热交换不予考虑。

（5）空间壁面同气体的流固耦合作用不予考虑，密闭空间边界视为刚性墙壁。

2. 均相湍流燃烧的方程组

气体爆炸的过程是一个迅速燃烧反应过程，它满足动量守恒、质量守恒、能量守恒以及化学组分平衡方程［式（2-17）~式（2-20）］，而这些守恒方程可通过非稳态 Navier-Stokes 来直接求解，但计算量大且较为复杂。通过将 Navier-Stokes 方程组采取 Reynolds 平均，使用 $k-\varepsilon$ 模型描述湍流，实现方程组封闭。

其中，质量守恒方程：

$$\frac{\partial \rho}{\partial t} + \frac{\partial \rho u_i}{\partial x_i} = 0 \tag{2-17}$$

动量守恒方程：

$$\frac{\partial \rho u_i}{\partial t} + \frac{\partial}{\partial x_i}\left(\rho u_i u_j - u_c \frac{\partial u_i}{\partial x_i}\right) = -\frac{\partial p}{\partial x_i} + \frac{\partial}{\partial x_i}\left(u_c \frac{\partial u_j}{\partial x_j}\right) - \frac{2}{3}\frac{\partial}{\partial x_j}\left[\delta_{ij}\left(\rho k + u_\varepsilon \frac{\partial u_k}{\partial x_k}\right)\right] \tag{2-18}$$

能量守恒方程：

$$\frac{\partial \rho h}{\partial t} + \frac{\partial}{\partial x_j}\left(\rho u_j h - \frac{\mu_\varepsilon}{\sigma_h}\frac{\partial h}{\partial x_i}\right) = \frac{Dp}{Dt} + S_h \tag{2-19}$$

化学组分平衡方程：

$$\frac{\partial(\rho Y_{fu})}{\partial t} + \frac{\partial}{\partial}\left(\rho u_j Y_{fu} - \frac{\mu_\varepsilon}{\sigma_{fu}}\frac{\partial Y_{fu}}{\partial x_i}\right) = R_{fu} \qquad (2-20)$$

管道（巷道）内发生气体爆炸数值模拟的上述四个方程可以简化成：

质量守恒方程：

$$\frac{\partial\rho}{\partial t} + \frac{\partial\rho u}{\partial x} + \frac{\partial\rho v}{\partial y} = 0 \qquad (2-21)$$

动量守恒方程：

$$\frac{\partial\rho u}{\partial t} + \frac{\partial\rho u}{\partial x} = -\frac{\partial p}{\partial x} + \frac{4}{3}\mu_\varepsilon \frac{\partial u}{\partial x} \qquad (2-22)$$

能量守恒方程：

$$\frac{\partial\rho h}{\partial t} + \frac{\partial}{\partial x}\left(\rho u h - \frac{\mu_\varepsilon}{\sigma_h}\frac{\partial h}{\partial x}\right) = \frac{Dp}{Dt} + S_h \qquad (2-23)$$

化学组分平衡方程：

$$\frac{\partial(\rho Y_{fu})}{\partial t} + \frac{\partial}{\partial x}\left(\rho u Y_{fu} - \frac{\mu_\varepsilon}{\sigma_h}\frac{\partial Y_{fu}}{\partial x}\right) = R_{fu} \qquad (2-24)$$

3. 湍流模型

瓦斯爆炸的过程是一个典型的湍流爆炸过程，它的本质是一种带有压力波的高反应速率、高湍流度的快速燃烧过程。在爆炸过程中存在压力波传播、压力波与火焰正反馈机制等现象。

在实际的求解中，选用什么样的模型要根据具体问题的一些特点来决定。一般要选择精度高、应用简单、节省计算时间、具有通用性的模型。根据瓦斯爆炸特点和工程实践经验，通常采用 $k-\varepsilon$ 双方程的模型作为湍流的计算模型。

$k-\varepsilon$ 双方程模型需要求解湍流的动能以及耗散率方程。而湍流输运方程可通过精确的方程推导得出，但耗散率方程是基于物理推理，同时在数学上模拟相似原形方程而得的。假设该模型流动为完全湍流，其分子黏性影响可以忽略不计。

$$\varepsilon = \frac{\rho}{\mu}\left(\frac{\partial u'_i}{\partial x_k}\right)\left(\frac{\partial u'_j}{\partial x_k}\right) \qquad (2-25)$$

可以用 k 和 ε 的函数来表示湍流黏度 μ，即

$$\mu_t = \rho C_k \frac{k^2}{\varepsilon} \qquad (2-26)$$

$k-\varepsilon$ 模型的湍动能 k 与耗散率 ε 是两个基本的未知量，与其对应的输运方程是

$$\frac{\partial \rho k}{\partial t} + \frac{\partial (\rho k u_i)}{\partial x_i} = \frac{\partial}{\partial x_i}\left[\mu + \frac{\mu_t}{\sigma_k}\frac{\partial k}{\partial x_i}\right] + G_k + G_b - \rho\varepsilon - Y_M + S_k \qquad (2-27)$$

$$\frac{\partial \rho \varepsilon}{\partial t} + \frac{\partial (\rho u_i \varepsilon)}{\partial x_i} = \frac{\partial}{\partial x_j}\left|\left(\mu + \frac{\mu_t}{\sigma_t}\right)\frac{\partial \varepsilon}{\partial x_i}\right. + C_{1\varepsilon}\frac{\varepsilon}{k}(G_k + C_{3\varepsilon}G_b) - C_{2\varepsilon}\rho\frac{\varepsilon^2}{k} + S_T$$

$$(2-28)$$

三、化工爆炸事故数值模拟

爆炸是化工过程中的重大灾难之一，化工过程发生的爆炸灾害形式包括反应失控引起的装置爆炸、蒸气云爆炸（VCE）、沸腾液体扩展蒸汽爆炸。大量可燃性气体或挥发性液体泄漏后与空气形成的爆炸混合物遇火源而爆炸，产生破坏性的超压，称为蒸汽云爆炸。VCE 是最具破坏性的爆炸形式之一。因此，本研究的数值模拟主要考虑 VCE 的数值模拟，其主要是气液两相爆轰的数值模拟。

1. 气液两相爆轰的数值模拟

气液两相爆轰波的传播是爆轰领域一个很有价值的研究课题。自 20 世纪 60 年代开始，国内外都对该领域进行大量实验和理论研究。气液两相爆轰是一个特别复杂的物理过程，涉的因素比较多。笔者所在课题组选取了较为典型的二维轴对称气液两相爆轰开展研究，内容包括爆轰的发生发展过程及产生的冲击波的传播规律。鉴于 TVD（Total Variation Diminishing）差分格式有分辨率高、间断面没有非物理振荡及光滑区域精度高等优点，因此课题组采用 TVD 与 Mac-Cormack 格式相结合的方式来开展气液两相爆轰数值模拟计算。在计算中考虑了燃料液滴的蒸发，液滴边界层的剥离等影响，采用"压缩波判别人工压缩法"和"MaxEta 方法"以及"连续边界垂直扰动法"，取得了很好的效果。计算结果与理论和实验结果对比，符合良好。

1）两相流模型

为了开展气液两相爆轰数值模拟，首先进行了如下假设：①液滴呈球形、大小均匀，且无相互作用并满足连续介质力学条件；②液滴所占的体积忽略不计；③仅在气相之间发生化学反应；④液滴内部温度均一；⑤气相为理想气体。

根据上述假设，可写出式（2-29）的守恒方程组，其中 x、X 或 R 是二维轴对称坐标系径向坐标，y 或 Y 是法向坐标。

$$\frac{\partial U}{\partial} + \frac{\partial F}{\partial x} + \frac{\partial G}{\partial y} = S \qquad (2-29)$$

（1）气相部分。

$$U = \begin{bmatrix} \rho \\ \rho u \\ \rho v \\ \rho E \end{bmatrix}, F = \begin{bmatrix} \rho u \\ P + \rho u^2 \\ \rho uv \\ u(\rho E + P) \end{bmatrix}, G = \begin{bmatrix} \rho v \\ \rho vu \\ P + \rho v^2 \\ v(\rho E + P) \end{bmatrix}$$

$$S = \begin{bmatrix} -\rho u/x + \rho_L \delta \\ -\rho u^2/x - \rho_L M_x + u_L \rho_L \delta \\ -\rho uv/x - \rho_L M_y + v_L \rho_L \delta \\ -u(\rho E + P)/x - \rho_L (u_L M_x + v_L M_y) + \left[(u_L^2 + v_L^2)/2 + q_{react} \right] \rho_L \delta \end{bmatrix}$$

$$(2-30)$$

状态方程：

$$P = (r-1)\rho \left(E - \frac{u^2 + v^2}{2} \right) \qquad (2-31)$$

（2）液相部分。

$$U = \begin{bmatrix} \rho_L \\ \rho_L u_L \\ \rho_L v_L \\ N \end{bmatrix}, F = \begin{bmatrix} \rho_L u_L \\ \rho_L u_L^2 \\ \rho_L u_L v_L \\ N u_L \end{bmatrix}, G = \begin{bmatrix} \rho_L v_L \\ \rho_L v_L u_L \\ \rho_L v_L^2 \\ N v_L \end{bmatrix} S = \begin{bmatrix} -\rho_L u_L/x - \rho_L \delta \\ -\rho_L u_L^2/x + \rho_L M_x - u_L \rho_L \delta \\ -\rho_L u_L v_L/x + \rho_L M_y - v_L \rho_L \delta \\ -N u_L/x \end{bmatrix}$$

$$(2-32)$$

其中，

$$\rho_L = \frac{4}{3}\pi l^3 N \rho_L^{ini} \qquad (2-33)$$

$$|V - V_L| = \left[(u - u_L)^2 + (v - v_L)^2 \right]^{1/2} \qquad (2-34)$$

$$R_e = \frac{2\rho l |V - V_L|}{\mu} \qquad (2-35)$$

$$C_D = \begin{cases} 27 R_e^{-0.84}, \text{when}(R_e < 80) \\ 0.27 R_e^{0.21}, \text{when}(80 \leqslant R_e < 10^4) \\ 2, \text{when}(R_e \geqslant 10^4) \end{cases} \qquad (2-36)$$

$$N_u = 2 + 0.6 P_r^{0.33} R_e^{0.5} \qquad (2-37)$$

T 由 Clapeyron equation 求出，T_L 取常数。

$$\delta = \frac{9 k_{GAS} N_\mu (T - T_L)}{\pi l^2 \rho_L^{ini} L} + 3 \left(\frac{\rho\mu}{\rho_L^{ini} \mu_L} \right)^{1/6} \left(\frac{\mu_L}{\rho_L^{ini}} \right)^{1/2} |V - V_L|^{1/2} l^{-3/2} \qquad (2-38)$$

$$M_x = \frac{3\rho C_D}{8\rho_L^{ini} l} |V - V_L| (u - u_L) \tag{2-39}$$

$$M_y = \frac{3\rho C_D}{8\rho_L^{ini} l} |V - V| (v - v_L) \tag{2-40}$$

式中　　ρ，ρ_L——气相、液相介质密度，kg/m^3；

　　　　u，u_L——气相、液相介质 x 方向质点的速度，m/s；

　　　　v，v_L——气相、液相介质 y 方向质点的速度，m/s；

　　　　P——气、液两相介质中的压强，Pa；

　　　　E——气、液两相介质中单位质量的总能量，J/kg；

　　　　δ——与液滴尺寸减小率有关的变量，L/s；

　　　　M_x——与两相介质之间 x 方向动量交换有关的拖曳力项，m/s^2；

　　　　M_y——与两相介质之间 y 方向动量交换有关的拖曳力项，m/s^2；

　　　　q_{react}——单位质量燃料的化学反应热，J/kg；

　　　　N——单位体积中的液滴数目；

　　　　l——液滴的平均半径，m；

　　　　ρ_l^{ini}——燃料液滴的密度，kg/m^3；

　　　　k_{GAS}——气体的热传导率，$W/(m \cdot K)$；

　　　　N_u——Nusselt number；

　　　　T，T_L——气相、液相介质的温度，K；

　　　　L——燃料液滴的蒸发热，J/kg；

　　　　μ，μ_L——气相、液相介质中的黏性系数，$Pa \cdot J$；

　　　　C_D——拖曳力系数；

　　　　P_R——Prandtl number；

　　　　R_e——Reynolds number；

　　　　γ——气相的有效绝热指数。

以上未标明单位者为标量（scalar）。

2）统一的三维两相流模型

为了使两相流模型既适合三维直角坐标，又适合二维轴对称坐标，我们给出一个统一的三维两相流模型。该模型兼容二维轴对称两相流模型。

此处 x 与 X，y 与 Y，z 与 Z 等价，为三维直角坐标系空间坐标。二维轴对称坐标时，x、X 或 R 为径向坐标，y 或 Y 为法向坐标。

（1）气相部分。

守恒方程组：

$$\frac{\partial U}{\partial t} + \frac{\partial F}{\partial x} + \frac{\partial G}{\partial y} + \frac{\partial M}{\partial z} = a * S_G + S_{G\_L} \qquad (2-41)$$

$$U = \begin{bmatrix} \rho \\ \rho u \\ \rho v \\ \rho w \\ \rho E \end{bmatrix}, F = \begin{bmatrix} \rho u \\ P + \rho u^2 \\ \rho uv \\ \rho uw \\ u(\rho E + P) \end{bmatrix}, G = \begin{bmatrix} \rho v \\ \rho vu \\ P + \rho v^2 \\ \rho vw \\ v(\rho E + P) \end{bmatrix},$$

$$M = \begin{bmatrix} \rho w \\ \rho wu \\ \rho wv \\ P + \rho w^2 \\ w(\rho E + P) \end{bmatrix}, S_G = \begin{bmatrix} -\rho u/x \\ -\rho u^2/x \\ -\rho uv/x \\ 0 \\ -u(\rho E + P)/x \end{bmatrix},$$

$$S_{G\_L} = \left\{ \begin{array}{c} \rho_L \delta \\ -\rho_L M_x + u_L \rho_L \delta \\ -\rho_L M_y + v_L \rho_L \delta \\ -\rho_L M_z + w_L \rho_L \delta \\ -\rho_L(u_L M_x + v_L M_y + w_L M_z) + [(u_L^2 + v_L^2 + w_L^2)/2 + q_{react}]\rho_L \delta \end{array} \right\}$$

$$(2-42)$$

状态方程：

$$P = (r-1)\rho\left(E - \frac{u^2 + v^2 + w^2}{2}\right) \qquad (2-43)$$

（2）液相部分。

守恒方程组：

$$\frac{\partial U_L}{\partial t} + \frac{\partial F_L}{\partial x} + \frac{\partial G_L}{\partial y} + \frac{\partial M_L}{\partial z} = a \times S_L + S_{L\_G} \qquad (2-44)$$

$$U_L = \begin{bmatrix} \rho_L \\ \rho_L u_L \\ \rho_L v_L \\ \rho_L w_L \\ N \end{bmatrix}, F_L = \begin{bmatrix} \rho_L u_L \\ \rho_L u_L^2 \\ \rho_L u_L v_L \\ \rho_L u_L w_L \\ N u_L \end{bmatrix}, G_L = \begin{bmatrix} \rho_L v_L \\ \rho_L v_L u_L \\ \rho_L v_L^2 \\ \rho_L v_L w \\ N v_L \end{bmatrix}, M_L = \begin{bmatrix} \rho_L w_L \\ \rho_L w_L u_L \\ \rho_L w_L v_L \\ \rho_L w_L^2 \\ N w_L \end{bmatrix}, S_L = \begin{bmatrix} -\rho_L u_L/x \\ -\rho_L u_L^2/x \\ -\rho_L u_L v_L/x \\ 0 \\ -N u_L/x \end{bmatrix},$$

$$S_{L\_G} = \begin{bmatrix} -\rho_L \delta \\ \rho_L M_x - u_L \rho_L \delta \\ \rho_L M_y - v_L \rho_L \delta \\ \rho_L M_z - w_L \rho_L \delta \\ 0 \end{bmatrix} \qquad (2-45)$$

对直角坐标（二维或三维），因子 $a = 0$；对二维轴对称坐标，因子 $a = 1$。

其中：

$$|V - V_L| = [(u - u_L)^2 + (v - v_L)^2 + (w - w_L)^2]^{1/2} \qquad (2-46)$$

$$M_z = \frac{3pC_D}{8p_L^{ini}\iota} |V - V_L|(w - w_L) \qquad (2-47)$$

其他公式与式（2-32）相同。

式中　w，w_L——气相、液相介质的 z 方向质点速度，m/s；

M_z——与两相介质之间 z 方向动量交换有关的拖曳力项，m/s^2；

其余各量的意义和单位与式（2-32）中相同。

在数值模拟求解中，对气相方程使用高分辨率、高精度显式 TVD 格式，同时采用"压缩波判别人工压缩法"和"MaxEta 方法"；对于连续边界的处理，采用"重直扰动法"；对液相方程采用 MacCormack 预估—校正格式。

2. 化工建筑群爆炸事故的爆炸效应数值模拟

化工建筑群发生爆炸的数值模拟，是一个很有意义的新课题。我们研究了化工建筑群中不同建筑对爆炸冲击波的反射、绕射等影响，以及冲击波传播的增强效应，从而认识了爆炸产生的冲击波在建筑群中的传播规律和对建筑物的破坏效应。

化工建筑群爆炸事故爆炸效应是一个三维问题，因此，本书首先导出可压缩流体动力学的三维有限体积 TVD 方法。

1）可压缩流体动力学的三维有限体积 TVD 方法

（1）三维有限体积 TVD 方法。自 Ami Harten 提出 TVD 差分格式之后，由于其所具有的优点，已被广泛应用在可压缩流体动力学数值模拟中。本课题在三维直角坐标系下，采用有限体积法，离散化处理可压缩流体动力学方程组；然后，将 TVD 方法推广至三维坐标中，得出三维有限体积 TVD 方法。在该方法中，差分方程可以通过对微分方程进行有限体积的微元积分得到，使得通过有限体积法而得到的差分方程能够适用于不规则的网格，即可以用来计算不规则几何形状的流场。可以认为，增加方程的维数，只是增加了一些相关的量，从物理上来说，

X、Y、Z 各维等价，对一维、二维成立的算法，其对三维坐标也是成立的。基于该思想，本课题将 TVD 方法推广到三维情况下，用三维 TVD 方法来求解差分方程，完成了三维有限体积 TVD 方法。根据这个方法，编制完成数值模拟程序，模拟平面激波的传播、正反射，模拟冲击波的绕射、正规反射、马赫反射等现象。模拟的数值结果同实验结果比较，较为一致。从模拟计算的结果可以看出，三维有限体积 TVD 方法的间断分辨率高，光滑区的精度高，且计算稳定，这也说明三维有限体积 TVD 方法是一种很好的计算方法。

理想的可压缩流体运动三维直角坐标欧拉（Euler）型守恒方程组如下：

$$\partial U/\partial t + \partial F(U)/\partial x + aG(U)/\partial y + \partial M(U)/\partial z = 0 \quad (2-48)$$

其中，U、$F(U)$、$G(U)$、$M(U)$ 都是列向量。

$$U = \begin{bmatrix} p \\ pu \\ pv \\ pw \\ pE \end{bmatrix}, F = \begin{bmatrix} \rho u \\ \rho + \rho u^2 \\ \rho uv \\ \rho uw \\ \rho(pE + p) \end{bmatrix}, G = \begin{bmatrix} \rho v \\ \rho vu \\ \rho + \rho v^2 \\ \rho vw \\ v(\rho E + P) \end{bmatrix}, M = \begin{bmatrix} \rho w \\ \rho wu \\ \rho wv \\ P + \rho w^2 \\ w(\rho E + P) \end{bmatrix} \quad (2-49)$$

E 为单位质量的总能量，

$$E = e + \frac{u^2 + v^2 + w^2}{2} \quad (2-50)$$

上面的公式中，x、y、z 表示三维直角坐标；P、ρ、u、v、w 分别为流场中介质的压强、密度、x 方向速度、y 方向速度、z 方向速度；e 是单位质量的内能，f 表示时间。

状态方程：

$$P = (\gamma - l)p\left[E - \frac{u^2 + v^2 + w^2}{2} \right] \quad (2-51)$$

采用有限体积 TVD 法，对微分方程（2-48）在有限体积微元 V 上进行积分，可得：

$$\frac{\partial}{\partial t}\iiint_v U\mathrm{d}x\mathrm{d}y\mathrm{d}z + \iiint_v \left(\frac{\partial F}{\partial x} + \frac{\partial G}{\partial y} + \frac{\partial M}{\partial z} \right)\mathrm{d}x\mathrm{d}y\mathrm{d}z = 0 \quad (2-52)$$

采用显式时间差分的方法，对任意六面体网格，离散化式（2-52），得到与式（2-48）相对应的有限体积法差分方程：

$$U_{i,j,k}^{n+1} = U_{i,j,k}^n - \frac{\Delta t}{\Delta V_{i,j,k}} \sum_{l=1}^{6} (F_l^n A_l N_{lx} + G_l^n A_l N_{ly} + M_l^n A_l N_{lz}) \quad (2-53)$$

式中，上标以 n 代表时间步；下标 i、j、k 是网格标号；$\Delta V_{i,j,k}$ 是网格（i，

j、k）的体积；下标 i 是网格各面的标号；A_1 是面元 l 的面积；N_{lx}、N_{ly}、N_{lz} 是面元 l 的外法向单位矢量力 N_l 的 x、y、z 方向分量。

作为特例，取立方体网格，则式（2-53）可写为

$$U_{i,j,k}^{n+1} = U_{i,j,k}^n - [\lambda_i(\tilde{F}_{i+1/2,j,k}^n - \tilde{F}_{i-1/2,i,k}^n) + \lambda_j(\tilde{G}_{i,j+1/2,k}^n - \tilde{G}_{i,j-1/2,k}^n) + \lambda_k(\tilde{M}_{i,i,k+1/2}^n - \tilde{M}_{i,i,k-1/2}^n)] \tag{2-54}$$

将 TVD 方法推广到三维，采用三维 TVD 来求解差分方程式（2-54）。上式中 $\tilde{F}$、$\tilde{G}$、$\tilde{M}$ 是流通量 F、G、M 的高阶 TVD 格式修正。

$$\lambda_i = \frac{\Delta t}{\Delta x_i} \qquad \lambda_j = \frac{\Delta t}{\Delta y_j} \qquad \lambda_k = \frac{\Delta t}{\Delta z_k} \tag{2-55}$$

Δt 是时间步长，Δx_i、Δy_j、Δz_k 分别表示网络（i，j，k）在 x、y、z 方向的宽度。

设 η_x、η_y、η_z 分别是 F、G、M 的 Jacobi 矩阵 A、B、D 的特征值向量，R_x 和 R_X^{-1}、R_y 和 R_y^{-1}、R_z 和 R_z^{-1} 是相应的右特征向量矩阵和左特征向量矩阵。记 $U_{i+1/2,j,k}$ 为 $U_{I,J,K}$ 和 $U_{I,J,K}$ 的某种均值（如算数平均或 Ros 平均），$\eta'_{x+1/2}$、$R_{i+1/2}$、$R_{i+1/2}^{-1}$ 分别是 η_x^l、R_x、R_x^{-1} 相应于 $A(U_{i+1/2}, j, k)$ 的值；类似地，$U_{i,j+1/2,k}$ 是 $U_{i,j,k}$ 和 $U_{i,j+1,k}$ 的某种均值，$\eta'_{j+1/2}$、$R_{j+1/2}$、R_{j+1-2}^{-1} 分别是 η'_y、R_y、R_y^{-1} 相应于 $B(U_{i,j+1/2,k})$ 的值；$U_{I,J,K+1/2}$ 是 $U_{I,J,K}$ 和 $U_{i,j,k+1}$ 的某种均值，$\eta'_{k+1/2}$、$R_{k+1/2}$、$R_{K+1/2}^{-1}$ 分别是 η'_z、R_z、R_z^{-1} 相应于 D 的值；c 是特征声速。

推导得：

$$\eta_x = [u-c, u, u, u, u+c], \eta_y = [v-c, v, v, v, v+c], \eta_z = [w-c, w, w, w, w+c] \tag{2-56}$$

$$R_x = \begin{bmatrix} 1 & 1 & 0 & 0 & 1 \\ u-c & u & 0 & 0 & u+c \\ v & v & 1 & 0 & v \\ w & w & 0 & 1 & w \\ H-uc & (u^2+v^2+w^2)/2 & v & w & H+uc \end{bmatrix} \tag{2-57}$$

$$R_Y = \begin{bmatrix} 1 & 1 & 0 & 0 & 1 \\ u & u & 1 & 0 & u \\ v-c & v & 0 & 0 & v+c \\ w & w & 0 & 1 & w \\ H-vc & (u^2+v^2+w^2)/2 & u & w & H+uc \end{bmatrix} \tag{2-58}$$

$$R_z = \begin{bmatrix} 1 & 1 & 0 & 0 & 1 \\ u & u & 1 & 0 & u \\ v & v & 0 & 1 & v \\ w-c & w & 0 & 0 & w+c \\ H-wc & (u^2+v^2+w^2)/2 & u & v & w & H+wc \end{bmatrix} \tag{2-59}$$

$$R_x^{-1} = \begin{bmatrix} (b_1+u/c)/2 & (-b_2u-1/c)/2 & -b_2v/2 & -b_2w/2 & b_2/2 \\ 1-b_1 & b_2u & b_2v & b_2w & -b_2 \\ -v & 0 & 1 & 0 & 0 \\ -w & 0 & 0 & 1 & 0 \\ (b_1-u/c)/2 & (-b_2u+1/c)/2 & -b_2v/2 & -b_2w/2 & b_2/2 \end{bmatrix} \tag{2-60}$$

$$R_y^{-1} = \begin{bmatrix} (b_1+v/c)/2 & -b_2u/2 & (-b_2v-1/c)/2 & -b_2w/2 & b_2/2 \\ 1-b_1 & b_2u & b_2v & b_2w & -b_2 \\ -u & 1 & 0 & 0 & 0 \\ -w & 0 & 0 & 1 & 0 \\ (b_1-v/c)2 & -b_2u/2 & (-b_2v+1/c)/2 & -b_2w/2 & b_2/2 \end{bmatrix} \tag{2-61}$$

$$R_z^{-1} = \begin{bmatrix} (b_1+w/c)/2 & -b_2u/2 & -b_2v/2 & (-b_2w-1/c)/2 & b_2/2 \\ 1-b_1 & b_2u & b_2v & b_2w & -b_2 \\ -u & 1 & 0 & 0 & 0 \\ -v & 0 & 1 & 0 & 0 \\ (b_1-w/c)/2 & -b_2u/2 & -b_2v/2 & (-b_2w+1/c)/2 & b_2/2 \end{bmatrix} \tag{2-62}$$

其中：

$$c = \sqrt{\frac{\gamma p}{\rho}}, \quad H = \frac{c^2}{\gamma-1} + \frac{u^2+v^2w^2}{2} \tag{2-63}$$

$$b_2 = \frac{\gamma-1}{c^2} \qquad b_1 = \frac{b_2(u_2+v_2+w_2)}{2} \tag{2-64}$$

以 x 方向流通量为例，说明 TVD 方法的求解过程。

$$a_{i+1/2} = R_{I+1/2}^{-1} \times (U_{i+l,j,k}^n - U_{i,j,k}^n) \tag{2-65}$$

$$Q(b) = \begin{cases} |b| & (|b| \geqslant \varepsilon) \\ \dfrac{b^2 + \varepsilon^2}{2\varepsilon} & (|b| < \varepsilon) \end{cases} \tag{2-66}$$

$$Q(\eta'_{i+1/2}) = 1/2 \times [Q(\eta'_{i+1/2}) - \lambda_i \times (\eta'_{i+1/2})^2] \tag{2-67}$$

$$Q(\eta'_{i-1/2}) = 1/2 \times [Q(\eta'_{i-1/2}) - \lambda_i \times (\eta'_{i-1/2})^2] \tag{2-68}$$

$$g_i^l = \min \mod [\sigma(\eta'_{i+1/2}) \times a_{i+1/2}^l, \sigma(\eta'_{i-1/2}) \times a_{i-1/2}^l] \tag{2-69}$$

$$\beta_{i+1/2}^l = \begin{cases} (g'_{i+1} - g_i^l)/a_{i+1/2}^l & (a_{i+1/2}^l \neq 0) \\ 0 & (a_{i+1/2}^l = 0) \end{cases} \tag{2-70}$$

$$\Phi_{i+1/2}^l = -Q(\eta'_{i+1/2} + \beta'_{i+1/2}) \times a'_{i+1/2} + (g'_i + g'_{i+1}) \tag{2-71}$$

$$\tilde{F}_{i+1/2,j,k} = F_{i+1/2,j,k} + 1/2 \times R_{i+1/2} \times \Phi_{i+1/2} \tag{2-72}$$

在 y 方向和 z 方向流通量的求解可依此类推。到这里，差分方程式（2-64）便求得方程解，以上便是可压缩流体动力学的三维有限体积 TVD 方法的简要过程。然后再由状态方程式（2-32）求得压强 $P_{i,j,k}^{n+1}$，完成一次时间循环。

为了保证 TVD 格式的稳定性，引进 CFL 数：

$$t_1 = \max\left(\frac{|u| + |c|}{\Delta x}\right) \tag{2-73}$$

$$t_2 = \max\left(\frac{|v| + |c|}{\Delta y}\right) \tag{2-74}$$

$$t_3 = \max\left(\frac{|w| + |c|}{\Delta z}\right) \tag{2-75}$$

取 $\Delta t = CFL/\max(t_l, t_2, t_3)$，其中 $CFL < 1.0$。

（2）压缩波判别人工压缩法。将上述 TVD 格式中 g 因子进行必要的修正，以此来进一步地提高数值解对于接触间断等的分辨率，这就是人工压缩技术。对冲击波问题，本课题组认为进一步提高 TVD 格式对于冲击波间断的分辨率是非常有必要的。

在已有的人工压缩方法当中，通常是在整个计算区域内进行压缩，且只有压缩波（或冲击波）存在的情况下才应用人工压缩技术。为正确地反映压缩波（或冲击波），引入无量纲因子 q/P，它可以简捷、有效地将压缩波（或冲击波）的有无、强弱刻画出来。当压缩波存在的情况，q 不为零，它的大小反映压缩波的强弱。视 q/P 为一个修正因子，则可得出一种新形式的人工压缩 TVD 格式，称为"压缩波判别人工压缩法"，下面以 C 语言的形式写出：

```
if(u_{i-1/2} > u_{i+1/2}){
    q = viscFactor1* ρ_i* |u_{i+1/2} - u_{i-1/2}|
```

```
    *│(P_{i+1/2} - P_{i-1/2}) * (1/ρ_{i+1/2} - 1/ρ_{i-1/2})│^{1/2}
    + viscFactor2 * ρ_i * c_i * │u_{i+1/2} - u_{i-1/2}│
}
else{
q = 0;
}
controLFactor = q/p
if(│a'_{i+1/2}│ + │a'_{i-1/2}│ ≠ 0){
    θ_i^1 = │a_{i+1/2}^1 - a_{i-1/2}^1│/(│a_{i+1/2}^1│ + │a_{i-1/2}^1│);
}
else{
    θ_i^1 = 0
}
g_i^1 = (1 + ω * controLFactor * θ_i^1) * g_i^1;
```

其中 ω，viscFactorl，viscFacror2 为正的可变系数，c 为特征声速。

（3）MaxEta 方法。在已有的算法中，Q 函数式（2-56）的控制因子 ε 取为正的常数。通过研究 *TVD* 的求解过程，发现 Q 函数自变量代表特征值 η，故 ε 应与 η 可比。在整个计算区域中选取最大特征值 η 作为本时间步 ε，使得 Q 函数发挥作用，称之为"MaxEta 方法"。

计算中，选取 viscFactorl 为 0.5，viscFactor2 为 0.5。数值研究发现，总乘子 ω 的选取，与激波强度有关。激波强，ω 宜取小；激波弱，ω 可取大。

例如，对压强 10^5 kPa 的冲击波，ω 可取为 1.2；对压强 10^4 kPa 的冲击波，ω 可取为 2.3；等等。根据整个计算区域中的最大压强 MaxPre，由线性插值，选取一个合适的 ω。

2）连续边界处理"垂直扰动法"

在流体动力学数值模拟中，连续边界的处理是另一项重要技术。若处理不当，则会引起连续边界反射等有关现象，甚至导致计算的不稳定。

根据流管流线模型，在连续边界处流动垂直跨过扰动线，也就是扰动线方向垂直于速度方向上，沿扰动线方向的物理量相等。将此方法命名为"垂直扰动法"，该处理方法物理图像清晰，简单准确，适用于所有流速，是一种值得推广的好方法。

根据以上方法，采用 C 语言，编制三维有限体积 TVD 方法标准数值模拟程序，对不同的冲击波问题，进行数值模拟计算。

3）建筑群内爆炸的三维冲击波效应的数值模拟

化工事故中的易爆物质形成的蒸汽云被引爆后，会产生爆轰波并沿云雾区立即向外传播。在爆轰波到达云雾边缘之后，会透射出云雾区，并以空气冲击波的形式继续传播。这是一个三维不定常流体动力学问题。

首先采用二维轴对称的 TVD 方法和 MacCormack 格式，通过气液两相方程，数值模拟气液两相爆轰波发展过程。然后，以此模拟结果作为计算初值，通过自编程序来模拟在建筑群中 VCE 爆炸产生的冲击波传播规律和对建筑物的毁伤效应。

第三章 基于数模融合的化工爆炸事故救援风险评价

本章采用 GRNN 神经网络算法，利用化工爆炸数值模拟数据进行训练学习并对预测结果进行分析验证。在没有发生事故的时候，对某个化工园区进行全量建模，并利用爆炸程序不停地计算，形成各种爆炸条件下的数据，然后利用神经网络算法持续不断地进行自我学习，形成一个比较理想的神经网络预测模型。在发生爆炸事故时，只要给出必要的参数值，就可以快速得出预测值提供给风险评价模型，这样就可以为爆炸事故救援提供快速决策。

第一节 化工爆炸的神经网络算法构建

一、化工爆炸场景分析

根据化工园区安全功能区的概念和划分原则，一般可以将化工园区划分为行政办公及生活区、化工生产区、仓储区、交通枢纽区和事故缓冲区。通常来说，在化工生产区易产生储罐气体（或易挥发液体）泄漏造成的爆炸或储罐发生物理爆炸进而引发气体爆炸；在仓储区易发生堆积的固体易爆物爆炸事故；在交通枢纽会产生运输工具起火爆炸。限于化工爆炸的复杂性及现有数值模拟软件的局限性，下文只针对第一种情形进行场景分析。

通常情况下，化工生产区在化工园区的位置布置可以分为三种情形：化工生产区位于化工园区内部的一侧、化工生产区位于化工园区内部的一角、化工生产区位于化工园区内部中间位置。因此，在数值模拟软件中构建化工爆炸场景可以对应构建为爆源在建筑物一侧、爆源三面有建筑物、爆源四面有建筑物三种模拟场景，如图 3-1 所示。

二、输入、输出层神经元的选择

同样的，根据第二章对影响化工爆炸传播的因素分析，影响爆炸结果的因素

63

(a) 爆源在一侧   (b) 爆源在一角   (c) 爆源在中间

图 3-1　化工爆炸的三种模拟场景

也很多，所以在设计输入输出之前有以下假设条件：

（1）泄漏的气体是均匀浓度的。

（2）泄漏的气体以泄漏点为圆心呈半球形扩散。

（3）爆炸的点火点在泄漏的气云中心。

（4）泄漏罐体没有发生物理爆炸。

表 3-1　化工爆炸广义回归神经网络输入和输出

	神经元	参 数 的 含 义
输入	X_1	泄漏的气体浓度/%
	X_2	泄漏气体的体积/m^3
	X_3	泄漏气体的热值/（MJ·Nm^{-3}）
	X_4	爆源罐体的破坏压力/kPa
	X_5	爆炸点火点的 X 坐标值
	X_6	爆炸点火点的 Y 坐标值
	X_7	爆炸点火点的 Z 坐标值
	X_8	观测点的 X 坐标值
	X_9	观测点的 Y 坐标值
	X_{10}	观测点的 Z 坐标值
输出	P	观测点压力峰值/kPa
	T	观测点温度峰值/℃

根据以上假设，把泄漏气体的体积、浓度与热值、爆源罐体的破坏压力、爆源所在的位置（X，Y，Z）和观点的坐标值作神经网络算法的输入，观测点的压力、温度峰值作为输出，具体见表 3-1。

三、化工爆炸场景数值模拟研究

装有高压气体（或易挥发液体）的罐体发生泄漏形成的气云后，如果有点火源，就会发生爆炸。根据前述化工爆炸场景模拟方式，场景一模拟的是爆源在建筑物一侧的情形，场景二模拟的是爆源的三面有建筑物，场景三模拟的是爆源的四面均有建筑物，见表 3-2。在模拟软件中，在不同的场景中心设置一片泄漏形成的气云，然后根据不同大小的气云开展数值模拟。

表 3-2　各化工爆炸模拟工况的参数及观测点

场景	主要特征	爆源参数	地形参数	选取的观测点
一	爆源中心一侧有障碍物	爆源为泄漏形成的半球形气云，气云的半径为 R	在爆源中心点的一侧设置了 16 个建筑物	在整个爆炸场选取了 144 个观测点，这些观测点分两层排列
二	爆源中心三面有障碍物	爆源为泄漏形成的半球形气云，气云的半径为 R	建筑物在爆源重点的 3 个方向，共 24 个	在整个爆炸场选取了 144 个观测点，这些观测点分两层排列
三	爆源四面有障碍物	爆源为泄漏形成的半球形气云，气云的半径为 R	建筑物在爆源重点的 4 个方向，共 32 个	在整个爆炸场选取了 144 个观测点，这些观测点分两层排列

1. 模拟场景计算

场景一：在不同大小的易燃气体云团下，观测点的位置不变，144 个观测点分两层在爆炸场里排列（图 3-2）。易燃气体云团为半球型，半径为 R 的值在不断地改变，R 的值依次为 10、12、13、15、17、19、20、22、24、25、26、28、29。

场景一中，变换不同的 R 值然后利用软件进行数值模拟，共模拟 13 次，能够得到特征数据 1872 条（将在表 3-6 中展示部分特征数据），然后再将这 1872 条数据供构建的神经网络算法学习。

图 3-3 所示为在场景一中爆源气体半径为 17 m 时，观测点 10、45、100、

140 的时间压力曲线；图 3-4 所示为在场景一中爆源气体半径为 29 m 时，观测点 24、50、72、95 的时间压力曲线。

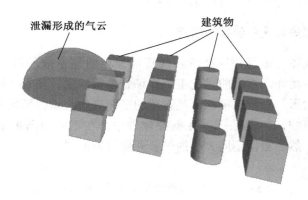

图 3-2　化工爆炸场景一建模

图 3-5 和图 3-6 所示分别为 $R=19$ m 时，在 4.49 m 高度处的 375.19 ms 和 767.25 ms 时的压力截面图。

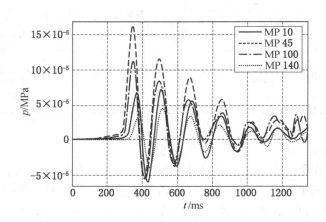

图 3-3　R 为 17 m 时四个观测点的时间压力曲线

表 3-3 中列出了在场景一中不同半径的易燃气体云团爆炸后，部分观测的压力峰值。

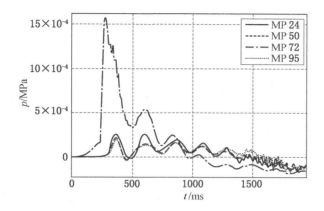

图 3 - 4 R 为 29 m 时四个观测点的时间压力曲线

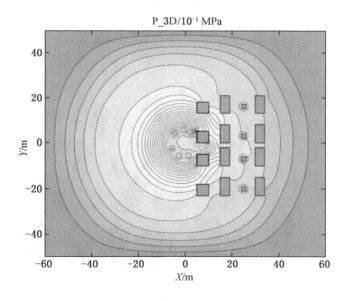

图 3 - 5 375.19 ms 时的压力截面图

场景二：气云半径 R 的设置情况同场景一，观测点的设置同场景一（图 3 - 7）。

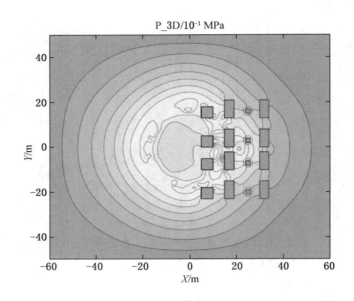

图 3 - 6　767.25 ms 时的压力截面图

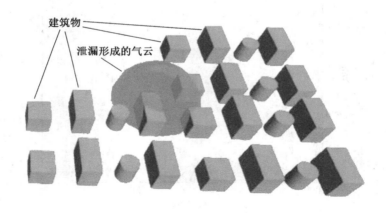

图 3 - 7　化工爆炸场景二建模

图 3 - 8 所示为在场景二中爆源气体半径为 22 m 时，观测点 19、48、73、92的时间压力曲线；图 3 - 9 所示为在场景二中爆源气体半径为 26 m 时，观测点

22、51、74、102 的时间压力曲线。

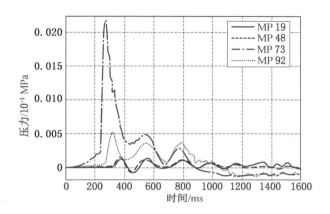

图 3 - 8　R 为 22 m 时四个观测点的时间压力曲线

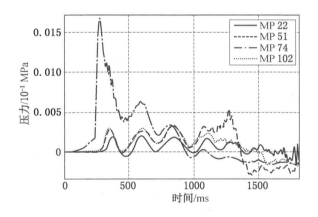

图 3 - 9　R 为 26 m 时四个观测点的时间压力曲线

　　图 3 - 10 和图 3 - 11 分别是 R = 16 m 时，在 3.49 m 高度处的 351.8 ms 和 759.8 ms 时的压力截面图。

　　表 3 - 4 列出了在场景二中不同半径的易燃气体云团爆炸后，部分观测的压力峰值。

　　场景三：气云半径 R 的设置情况同场景一，观测点的设置同场景一（图 3 - 12）。

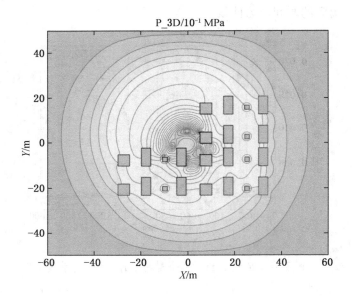

图 3 - 10   375.19 ms 时的压力截面图

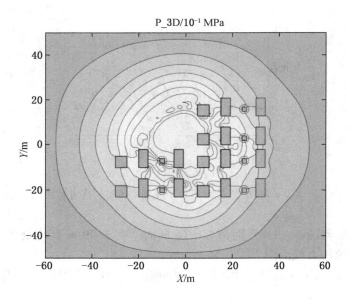

图 3 - 11   767.25 ms 时的压力截面图

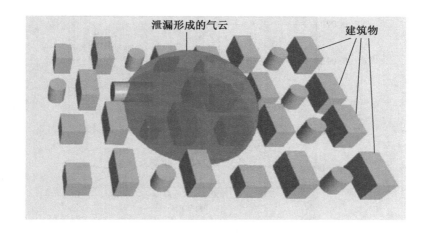

图 3 - 12　化工场景三建模

　　图 3 - 13 是在场景三中爆源气体半径为 20 m 时，观测点 6、38、76、103 的时间压力曲线；图 3 - 14 是在场景三中爆源气体半径为 12 m 时，观测点 9、38、73、93 的时间压力曲线。

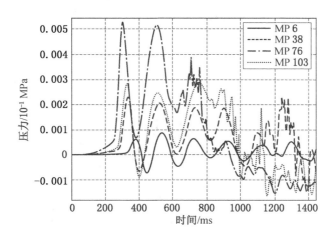

图 3 - 13　R 为 20 m 时四个观测点的时间压力曲线

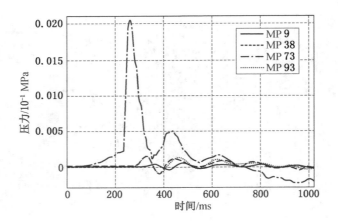

图 3 - 14 R 为 12 m 时四个观测点的时间压力曲线

图 3 - 15 和图 3 - 16 分别是 $R = 28$ m 时，在 1.49 m 高度处的 793.87 ms 和 952.79 ms 时的压力截面图。

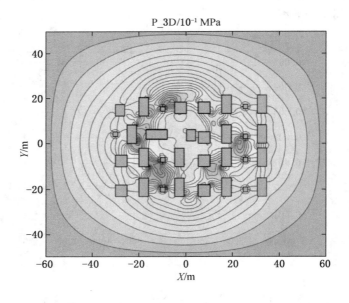

图 3 - 15   793.87 ms 时的压力截面图

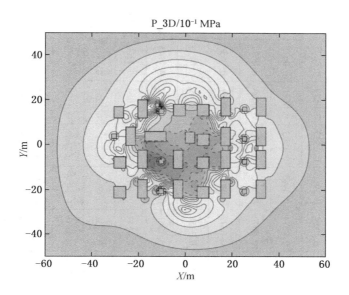

图 3-16　952.79 ms 时的压力截面图

表 3-5 列出了在场景三中不同半径的易燃气体云团爆炸后，部分观测的压力峰值。

2. 模拟结果数据

3 个场景的结果数据见表 3-3~表 3-5。

四、数据训练、预测及分析

1. 数据训练

通过化工爆炸场景一各种不同的爆源条件进行数值模拟得到 6582460 条数据，通过计算（图 3-17）提取每种爆源条件下 144 个观测点的压力（温度）峰值（表 3-3~表 3-5）。

将 10 个输入量（X_1，X_2，…，X_{10}）与该条件下的化工爆炸数值模拟结果数据（压力峰值或温度峰值）共同组成一条特征数据，场景一在不同的爆源条件下共提炼出特征数据 1872 组（表 3-6），这些特征数据都提供给 GRNN 神经网络算法进行数据训练或测试。

表3-3 化工爆炸场景一模拟计算数据

部分观测点的压力峰值/kPa

气体云团半径 R/m	P_1	P_{11}	P_{21}	P_{31}	P_{41}	P_{51}	P_{61}	P_{71}	P_{81}	P_{91}	P_{101}	P_{111}	P_{121}	P_{141}
10	0.0411	0.0639	0.1037	0.0601	0.3778	0.2202	0.2094	1.9732	0.0894	0.3966	0.1593	0.0679	0.0675	0.0378
12	0.0404	0.0591	0.1037	0.0582	0.3781	0.2203	0.2095	1.9714	0.0873	0.3967	0.1593	0.0661	0.0675	0.0334
13	0.0405	0.0599	0.1036	0.0587	0.3777	0.2201	0.2092	1.9709	0.0872	0.3962	0.1592	0.0669	0.0674	0.0336
15	0.0405	0.0598	0.1036	0.0587	0.3776	0.2200	0.2091	1.9704	0.0872	0.3959	0.1591	0.0669	0.0674	0.0335
17	0.0547	0.0761	0.1351	0.0730	0.4212	0.2596	0.2490	1.9808	0.1158	0.4424	0.2000	0.0779	0.0939	0.0497
19	0.0649	0.0861	0.1581	0.0819	0.4366	0.2797	0.2711	1.9099	0.1361	0.4529	0.2687	0.0932	0.1145	0.0643
20	0.0685	0.0943	0.1762	0.0862	0.4624	0.3033	0.2926	1.9926	0.1532	0.4818	0.3643	0.1066	0.1309	0.0709
22	0.0719	0.1122	0.1988	0.1013	0.4786	0.3226	0.3133	1.9988	0.1733	0.4964	0.2743	0.1252	0.1522	0.0799
24	0.0796	0.1239	0.2096	0.1120	0.4736	0.3283	0.3180	2.0206	0.1851	0.4973	0.2867	0.1377	0.1655	0.0913
25	0.0837	0.1416	0.2311	0.1276	0.5149	0.3472	0.3385	2.0076	0.2016	0.5105	0.3067	0.1537	0.1839	0.0900
26	0.0837	0.1416	0.2310	0.1276	0.5147	0.3471	0.3385	2.0075	0.2016	0.5101	0.3066	0.1537	0.1838	0.0900
28	0.0837	0.1416	0.2309	0.1276	0.5141	0.3468	0.3381	2.0074	0.2015	0.5097	0.3062	0.1537	0.2084	0.0900
29	0.0837	0.1416	0.2309	0.1276	0.5141	0.3468	0.3381	2.0074	0.2015	0.5097	0.3062	0.1537	0.2084	0.0900

表 3 - 4　化工爆炸场景二模拟计算数据

部分观测点的压力峰值/kPa

气体云团半径 R/m	p_5	p_{15}	p_{25}	p_{35}	p_{45}	p_{55}	p_{65}	p_{75}	p_{85}	p_{95}	p_{105}	p_{115}	p_{125}	p_{135}
10	0.0497	0.0413	0.1128	0.0851	0.1365	0.7567	0.0959	0.6735	0.4566	0.1031	0.2257	0.0545	0.0622	0.0414
12	0.0482	0.0406	0.1129	0.0852	0.1365	0.7562	0.0920	0.6735	0.4566	0.0997	0.2258	0.0493	0.0567	0.0406
13	0.0488	0.0408	0.1128	0.0851	0.1364	0.7552	0.0933	0.6731	0.4563	0.1014	0.2255	0.0500	0.0576	0.0409
15	0.0570	0.0491	0.1293	0.1013	0.1551	0.7692	0.1025	0.6909	0.4814	0.1101	0.2530	0.0601	0.0566	0.0485
17	0.0729	0.0625	0.1594	0.1317	0.1862	0.7953	0.1269	0.7129	0.5140	0.1382	0.2959	0.0825	0.0914	0.0609
19	0.0825	0.0719	0.1770	0.1509	0.2025	0.7765	0.1440	0.6859	0.5017	0.1550	0.3110	0.0965	0.1057	0.0704
20	0.0875	0.0730	0.1852	0.1582	0.2120	0.8085	0.1508	0.7232	0.5302	0.1628	0.3292	0.1039	0.1130	0.0735
22	0.0978	0.0789	0.2059	0.1806	0.2329	0.8169	0.1713	0.7304	0.5414	0.1820	0.3537	0.1211	0.1303	0.0875
24	0.1078	0.0868	0.2192	0.1935	0.2410	0.8052	0.1892	0.7341	0.5449	0.1934	0.4159	0.1364	0.1456	0.1015
25	0.1139	0.0793	0.2512	0.2077	0.2539	0.8261	0.2441	0.7385	0.5514	0.2039	0.4246	0.1365	0.1463	0.1104
26	0.1202	0.0803	0.2686	0.2425	0.2594	0.8295	0.3936	0.7416	0.5724	0.2090	0.4238	0.1390	0.1507	0.1171
28	0.1461	0.0877	0.2960	0.2606	0.2669	0.8337	0.3671	0.7455	0.6412	0.2176	0.4480	0.1459	0.1614	0.1285
29	0.1551	0.0906	0.3069	0.2645	0.2696	0.8355	0.3817	0.7919	0.6645	0.2207	0.4522	0.1506	0.1663	0.1328

表3-5 化工爆炸场景三模拟计算数据

部分观测点的压力峰值/kPa

气体云团半径 R/m	p_9	p_{19}	p_{29}	p_{39}	p_{49}	p_{59}	p_{69}	p_{79}	p_{89}	p_{99}	p_{109}	p_{119}	p_{129}	p_{139}
10	0.0494	0.0594	0.0572	0.2220	0.0966	0.3915	0.6519	0.1061	0.6463	0.0907	0.0872	0.0685	0.0239	0.0355
12	0.0484	0.0580	0.0555	0.2222	0.0940	0.3917	0.6520	0.1034	0.6470	0.0908	0.0845	0.0666	0.0225	0.0350
13	0.0487	0.0584	0.0563	0.2218	0.0947	0.3912	0.6514	0.1046	0.6457	0.0907	0.0859	0.0673	0.0224	0.0351
15	0.0486	0.0584	0.0562	0.2217	0.0945	0.3911	0.6507	0.1044	0.6439	0.0907	0.0858	0.0672	0.0224	0.0351
17	0.0645	0.0844	0.0856	0.2623	0.1188	0.4227	0.6735	0.1318	0.6802	0.1196	0.1178	0.0867	0.0340	0.0522
19	0.0773	0.1076	0.1105	0.3093	0.1276	0.4228	0.6415	0.1398	0.6532	0.1421	0.1410	0.1069	0.0451	0.0679
20	0.0926	0.1296	0.1344	0.3550	0.1452	0.4506	0.6894	0.1603	0.7043	0.1691	0.1703	0.1315	0.0541	0.0837
22	0.1122	0.1563	0.1614	0.4088	0.1576	0.4591	0.6986	0.1746	0.7129	0.1952	0.1982	0.1677	0.0667	0.1065
24	0.1278	0.1772	0.1824	0.4450	0.1694	0.4803	0.7210	0.1878	0.7250	0.2172	0.2203	0.1970	0.0791	0.1266
25	0.1379	0.1834	0.1891	0.5236	0.2338	0.5411	0.7673	0.2142	0.7747	0.2227	0.2258	0.2344	0.0809	0.1305
26	0.1459	0.1893	0.1951	0.5946	0.2337	0.5644	0.7793	0.2291	0.8087	0.2297	0.2319	0.2338	0.0837	0.1356
28	0.1688	0.2102	0.2026	0.6870	0.2603	0.6382	0.8541	0.2483	0.8796	0.2938	0.2673	0.2545	0.0863	0.1429
29	0.1787	0.2279	0.2045	0.7323	0.2828	0.6862	0.8644	0.2575	0.9107	0.3241	0.2698	0.2993	0.0865	0.1448

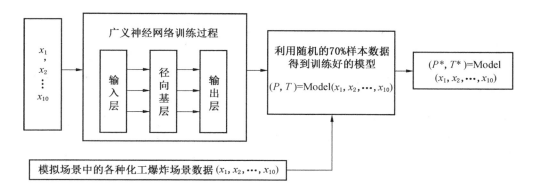

图 3-17　井下瓦斯爆炸神经网络模型计算流程

表 3-6　根据场景一数值模拟计算结果提取的化工爆炸特征数据

序号	X_1	X_2	X_3	X_4	X_5	X_6	X_7	X_8	X_9	X_{10}	P	T
1	7.75	314	58.48	0	0	0	0	−45	−35	2	0.0411	21.03
2	7.75	314	58.48	0	0	0	0	−45	−35	5	0.0368	21.03
3	7.75	314	58.48	0	0	0	0	−45	−25	2	0.0579	21.05
4	7.75	314	58.48	0	0	0	0	−45	−25	5	0.0520	21.04
5	7.75	314	58.48	0	0	0	0	−45	−15	2	0.0637	21.05
⋮												
541	7.75	706.5	58.48	0	0	0	0	22.5	25	2	0.0915	21.08
542	7.75	706.5	58.48	0	0	0	0	22.5	25	5	0.0812	21.07
543	7.75	706.5	58.48	0	0	0	0	22.5	35	2	0.0669	21.06
544	7.75	706.5	58.48	0	0	0	0	22.5	35	5	0.0597	21.05
545	7.75	706.5	58.48	0	0	0	0	33.75	−35	2	0.0423	21.04
⋮												
761	7.75	1133.54	58.48	0	0	0	0	−20	5	2	0.4366	2231.08
762	7.75	1133.54	58.48	0	0	0	0	−20	5	5	0.4098	2194.03
763	7.75	1133.54	58.48	0	0	0	0	−22.5	15	2	0.2855	112.34
764	7.75	1133.54	58.48	0	0	0	0	−22.5	15	5	0.2672	21.23
765	7.75	1133.54	58.48	0	0	0	0	−22.5	25	2	0.1874	21.16
⋮												

表3-6（续）

序号	X_1	X_2	X_3	X_4	X_5	X_6	X_7	X_8	X_9	X_{10}	P	T
1176	7.75	1808.64	58.48	0	0	0	0	-33.75	-5	5	0.2307	53.63
1177	7.75	1808.64	58.48	0	0	0	0	-33.75	5	2	0.2383	346.67
1178	7.75	1808.64	58.48	0	0	0	0	-33.75	5	5	0.2296	37.79
1179	7.75	1808.64	58.48	0	0	0	0	-33.75	15	2	0.2068	21.17
1180	7.75	1808.64	58.48	0	0	0	0	-33.75	15	5	0.1991	21.17
⋮												
1461	7.75	2122.64	58.48	0	0	0	0	-33.75	-15	2	0.2310	273.55
1462	7.75	2122.64	58.48	0	0	0	0	-33.75	-15	5	0.2239	23.80
1463	7.75	2122.64	58.48	0	0	0	0	-33.75	-5	2	0.2679	1881.78
1464	7.75	2122.64	58.48	0	0	0	0	-33.75	-5	5	0.2577	1389.56
1465	7.75	2122.64	58.48	0	0	0	0	-33.75	5	2	0.2686	1889.95
⋮												
1868	7.75	2640.74	58.48	0	0	0	0	45	15	5	0.1006	21.09
1869	7.75	2640.74	58.48	0	0	0	0	45	25	2	0.0900	21.08
1870	7.75	2640.74	58.48	0	0	0	0	45	25	5	0.0864	21.07
1871	7.75	2640.74	58.48	0	0	0	0	45	35	2	0.0660	21.06
1872	7.75	2640.74	58.48	0	0	0	0	45	35	5	0.0635	21.05

同样的，可以通过化工场景二、三进行数值模拟计算后提取特征数据，然后分别采用神经网络算法进行训练学习。

2. 平滑因子的确定

将化工爆炸场景一数值模拟结果提炼出的1872条特征数据按照训练集：测试集 =7：3 的比例随机划分训练集和测试集。采用平滑因子 σ 从 0.1 至 0.9、步长为 0.1 分别进行训练和测试，得出训练预测值与测试预测值，并根据得出的预测值与实际值求出均方误差（MSE），可以根据计算看出当平滑因子 $\sigma = 0.1$ 时，测试预测值的 MSE 最小，即此时预测的效果最好，如图 3-18 所示。

3. 预测效果分析

为了检验化工爆炸预测效果，在将化工爆炸场景一的模拟计算结果数据用于神经网络算法训练时，不把易爆气云的半径 $R = 30\ m$ 时的模拟结果放入训练集，即结果不包含在形成的1872条特征数据里。然后利用神经网络算法预测

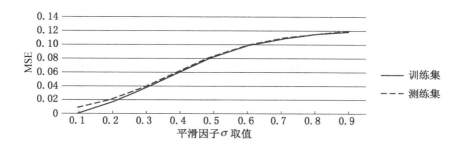

图 3－18　化工爆炸场景一 GRNN 算法压力预测平滑因子对比图

$R = 30\ m$ 时，各观测点的峰值数据，再和 $R = 30\ m$ 时的数值模拟的值进行一一比较，比较的结果如图 3－19 所示，可以看出这两条线比较吻合，说明预测的偏差很小。

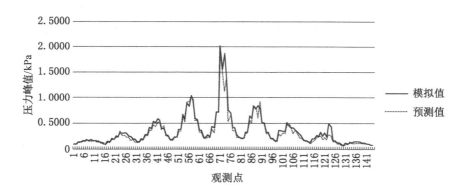

图 3－19　R 为 30 m 时各观测点模拟值与预测值的直接对比图

表 3－7　场景一 R 取不同值时预测值与模拟值相对误差对比

R/m	相对误差小于 1% 的预测结果占比/%	相对误差大于 1%、小于 5% 的预测结果占比/%	相对误差大于 5%、小于 10% 的预测结果占比/%	相对误差大于 10% 的预测结果占比/%	平均相对误差/%
11	47.22	40.28	5.56	6.94	2.58
18	17.64	28.47	31.25	22.64	8.29
23	11.81	46.53	34.72	6.94	4.99
30	12.08	34.58	24.31	29.03	12.44

表3-8　场景二 R 取不同值时预测值与模拟值相对误差对比

R/m	相对误差小于1%的预测结果占比/%	相对误差大于1%、小于5%预测结果占比/%	相对误差大于5%、小于10%的预测结果占比/%	相对误差大于10%的预测结果占比/%	平均相对误差/%
14	15.97	28.47	27.09	28.47	8.07
16	15.56	27.78	25.28	31.38	12.51
18	10.42	33.33	26.39	29.86	7.42
30	9.72	52.08	17.36	20.83	7.41

表3-9　场景三 R 取不同值时预测值与模拟值相对误差对比

R/m	相对误差小于1%的预测结果占比/%	相对误差大于1%、小于5%的预测结果占比/%	相对误差大于5%、小于10%的预测结果占比/%	相对误差大于10%的预测结果占比/%	平均相对误差/%
9	25.69	59.03	5.56	9.72	3.4
14	56.94	37.5	2.08	3.48	2.5
21	7.64	25	34.7	32.64	8.52
27	30.56	43.06	15.96	10.42	4.56

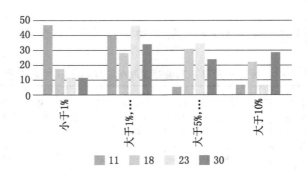

图3-20　场景一不同 R 值预测相对误差情况

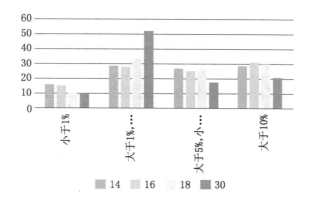

图 3 – 21　场景二不同 R 值预测相对误差情况

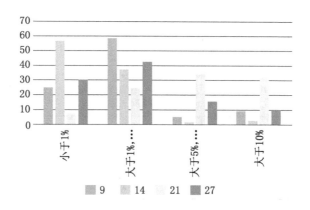

图 3 – 22　场景二不同 R 值预测相对误差情况

从上面 3 种化工场景的模拟值与预测值对比来看，简单场景预测效果要优于复杂场景（表 3 – 7 ～ 表 3 – 9，图 3 – 20 ～ 图 3 – 22）。化工场景压力峰值预测结果平均误差为 6.9%，相比煤矿爆炸结果的预测准确率要低，主要原因是化工爆炸的场景更为复杂多变；此外，煤矿场景相对封闭，产生的冲击波压力也较大，而化工场景气体爆炸后的压力较小，尤其是离爆源较远的观测点压力值小，通过数据对比，也能看出，预测误差较大的绝大多数集中在压力小的观测点，这里也对预测值相对误差大于 10% 的压力值情况进行了统计分析，结果见表 3 – 10。

表3-10 预测相对误差超过10%的压力值情况分析

场景一

R/m	相对误差大于10%的预测结果占比/%	大于10%误差中模拟值小于1 kPa 的占比/%	大于10%误差中预测值小于1 kPa 的占比/%
11	6.94	100.00	100.00
18	22.64	100.00	100.00
23	6.94	100.00	100.00
30	29.03	98.82	98.82

场景二

R/m	相对误差大于10%的预测结果占比/%	大于10%误差中模拟值小于1 kPa 的占比/%	大于10%误差中预测值小于1 kPa 的占比/%
14	28.47	97.62	97.62
16	31.38	100.00	100.00
18	29.86	100.00	100.00
30	20.83	93.33	93.33

场景三

R/m	相对误差大于10%的预测结果占比/%	大于10%误差中模拟值小于1 kPa 的占比/%	大于10%误差中预测值小于1 kPa 的占比/%
9	9.72	85.71	85.71
14	3.48	80.00	80.00
21	32.64	100.00	100.00
27	10.42	86.67	86.67

同样的，选取最为复杂的化工场景三分别用600、1200、1872 条数据进行训练，然后进行预测，得到的预测结果误差统计见表3-11。

表3-11 采用不同数据量进行化工爆炸神经网络学习后预测的误差情况分析

R/m	用600 条数据训练的平均相对误差/%	用1200 条数据训练的平均相对误差/%	1872 条数据训练的平均相对误差/%
9	60.08	21.14	3.4
14	9.95	3.23	2.5
21	57.41	8.7	8.52
27	66.98	24.14	4.56

为了展现整个场景中压力峰值的预测效果，在场景一、二、三的模拟区域内 $Z=2$ m 的 XY 平面上选取了 91×70 个坐标点（坐标点要避开建筑物）进行峰值压力预测。泄漏的坐标点和泄漏的气体体积都是一样的，泄漏点位于原点，泄漏气体的半径大小为 22 m。图 3-23、图 3-24、图 3-25 分别是根据场景一、二、三的预测压力峰值绘制的曲面图。

从这 3 幅图可以看出，场景三的建筑物为四面环绕爆源，建筑物的密集程度最高，所以它的峰值压力也是最大的；另外在场景一的峰值压力曲面图中，可以看出除中心点周围一定范围外，往外的压力变化较为平缓，而在场景二、三的峰值压力曲面图中，往外的压力抖动较大，这是因为较多的建筑物会引起压力冲击波的折射和衍射效应。

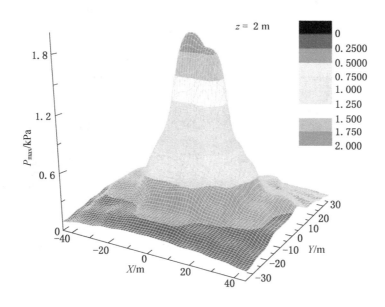

图 3-23　场景一压力峰值预测曲面图

如果用于学习的数据量很大，神经网络算法学习的时间会很长，但形成神经网络预测模型后，再用这个模型预测峰值压力（温度）的时间就很少了。当预测的观测点数在 1000 个时，9.9255 s 得出预测结果。在需要很短时间得到相对准确的压力（温度）场的情况下（比如现场事故救援），对比用数值模拟计算的方法动辄需要几个小时甚至是几天来说，这样的速度还是很有应用价值的。

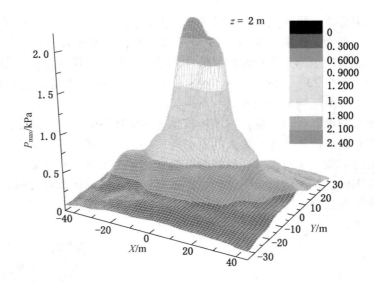

图 3 - 24　场景二压力峰值预测曲面图

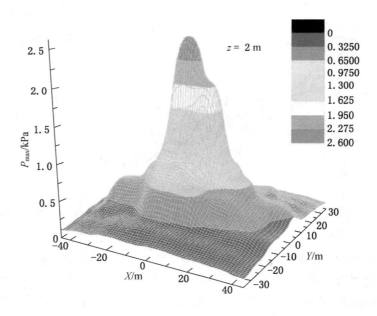

图 3 - 25　场景三压力峰值预测曲面图

第二节　化工爆炸事故救援风险评价实例

以 2008 年 8 月 26 日发生的广西维尼纶集团有限责任公司所属广西广维化工股份有限公司（以下简称"广维集团"）"8·26"爆炸事故作为研究对象来进行化工爆炸事故的救援风险评价分析。

一、工厂概况

广维集团位于广西河池宜州市郊，以生产化工产品为主，产品包括电石（CaC_2）、聚乙烯醇、醋酸乙烯、乙酸乙烯酯－乙烯共聚乳液（VAE 乳液），这些产品的年产能分别为 8.3 万吨、3.0 万吨、6.0 万吨和 3.0 万吨。广维集团2007 年的资产总额为 5.55 亿元，其中固定资产净值 2.31 亿元。

二、事故概况

2008 年 8 月 26 日 6 时 40 分左右，广维集团有机厂内当班操作人员听到从罐场西侧传来一声闷响（爆燃声），随后便看到气雾在罐场和合成区域扩散开来，并闻到强烈刺鼻的气味，但没有见到明火。

6 时 44 分，泄漏出的可燃气体与空气混合形成可爆炸的云团，在合成与精馏车间配电房的上空和罐场北面发生强烈的爆炸，导致合成、蒸馏、醇解、聚合等工段的部分建筑物、设备以及管道被巨大的冲击波破坏，大量可燃物料泄漏（气柜中 780 m^3 的乙炔等）引发随后的多次爆炸，在罐场的部分储罐也被冲击波摧毁或高温烘烤相继发生爆炸燃烧。事故导致 20 人死亡、60 人受伤，直接经济损失达 7500 余万元。

经过事后事故调查，确认 CC－601C 储罐首先于 6 时 40 分发生爆燃。图 3－26 所示为广维集团有机厂罐区尺寸图。图 3－27 所示为广维集团有机厂平面示意图。

三、全量模型数值模拟计算

有机厂全量建模如图 3－28 所示，全量模型早期数值模拟数据训练结果部分数据见表 3－12。

表3-12　全量模型早期数值模拟数据训练结果部分数据

序号	X1	X2	X3	X4	X5	X6	X7	X8	X9	X10	输出（压力）
1	7.75	1177.5	58.48	0	0	0	0	1.5	5	5	1676.62
2	7.75	1177.5	58.48	0	0	0	0	2.5	5	5	1828.75
⋮											⋮
121	7.75	1177.5	58.48	0	0	0	0	2.5	5	5	2935.33
122	7.75	1177.5	58.48	0	0	0	0	4	6	5	1371.51
⋮											⋮
255	7.75	1177.5	58.48	0	0	0	0	1.1	8	5	2249.78
256	7.75	1177.5	58.48	0	0	0	0	1.5	8	5	3498.75
⋮											⋮
377	7.75	1177.5	58.48	0	0	0	0	0.5	8	5	621.23
378	7.75	1177.5	58.48	0	0	0	0	1.5	8	5	371.03
⋮											⋮
698	7.75	1177.5	58.48	0	0	0	0	2.5	8	5	422.06
499	7.75	1177.5	58.48	0	0	0	0	2.5	8	5	73.12
⋮											⋮
812	7.75	1177.5	58.48	0	0	0	0	2.5	8	5	43.09
813	7.75	1177.5	58.48	0	0	0	0	2.5	8	2	21.14
⋮											⋮
1014	7.75	1177.5	58.48	0	0	0	0	1.5	5	5	997.24
1015	7.75	1177.5	58.48	0	0	0	0	2.5	5	5	1013.06
⋮											⋮
1228	7.75	1177.5	58.48	0	0	0	0	2.5	5	5	2268.63
1229	7.75	1177.5	58.48	0	0	0	0	4	6	5	987.52
⋮											⋮
1442	7.75	1177.5	58.48	0	0	0	0	1.1	8	5	1764.54
1443	7.75	1177.5	58.48	0	0	0	0	1.5	8	5	2282.94
⋮											⋮
1756	7.75	1177.5	58.48	0	0	0	0	0.5	8	5	310.26
1757	7.75	1177.5	58.48	0	0	0	0	1.5	8	5	212.52
⋮											⋮

表 3 - 12（续）

序号	X1	X2	X3	X4	X5	X6	X7	X8	X9	X10	输出（压力）
2170	7.75	1177.5	58.48	0	0	0	0	2.5	8	5	240.23
2171	7.75	1177.5	58.48	0	0	0	0	2.5	8	5	46.90
⋮											⋮
2584	7.75	1177.5	58.48	0	0	0	0	2.5	8	2	27.01
2585	7.75	1177.5	58.48	0	0	0	0	2.5	8	2	0.02
⋮											⋮
3586	7.75	1177.5	58.48	0	0	0	0	2.5	5	5	637.56
3587	7.75	1177.5	58.48	0	0	0	0	2.5	5	5	675.04

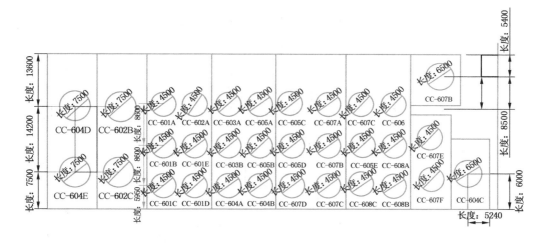

图 3 - 26　广维集团有机厂罐区尺寸图

四、多米诺事故概率计算

最先发生爆炸的是 CC - 601C 储罐，根据第 2 章第 1 节相关公式分别计算 CC - 601C 储罐爆炸后，其他的储罐因火灾、爆炸、碎片抛射引起多米诺效应的概率见表 3 - 13。在进行火灾多米诺效应计算前还需要根据下列公式分别计算爆炸起火后的火焰高度和火焰表面热辐射通量，计算公式如下。

假定火焰表面热辐射通量从圆柱形火焰的顶部和侧面向四周均匀辐射，那么

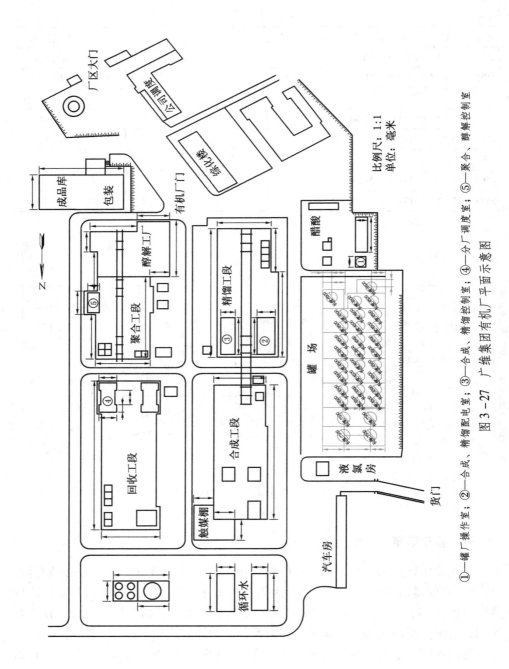

图 3-27 广维集团有机厂平面示意图

①—罐厂操作室；②—合成、精馏配电室；③—合成、精馏控制室；④—分厂调度室；⑤—聚合、醇解控制室

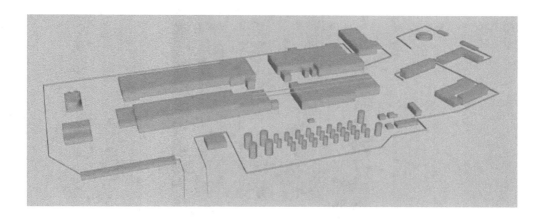

图 3 - 28　有机厂全量建模

表面热辐射通量为

$$Q = \frac{0.25\pi D^2 H_{\mathrm{c}} m_{\mathrm{f}} m}{\dfrac{\pi D^2}{4} + \pi DL} \tag{3-1}$$

式中　　Q——表面辐射通量，$\mathrm{kW/m^2}$；

　　　　D——火焰底面直径，m；

　　　　H_{c}——气体燃烧热，$\mathrm{kJ/kg}$；

　　　　m_{f}——热辐射系数，一般取 0.15；

　　　　m——罐内气体质量，kg；

　　　　L——火焰高度，m。

$$L/D = 42\left(m_{\text{泄}}/\rho_0 \ \sqrt{\mathrm{g}D}\right)^{0.61} \tag{3-2}$$

式中　　$m_{\text{泄}}$——燃料泄漏速率，$\mathrm{kg/s}$；

　　　　ρ_0——空气密度，m；

　　　　g——重力常数，取 $9.81\ \mathrm{m/s^2}$。

　　通过计算，得到火焰高度为 192.17 m（图 3 - 29），与当时的专家根据图片估计火焰高度 200 m 左右基本吻合；火焰表面热辐射通量为 18466.75 $\mathrm{kW/m^2}$。计算得出碎片抛射的最远距离为 30.04 m，与在爆炸现场最远的碎片离爆源 29.8 m 相吻合（图 3 - 30）。图 3 - 31 所示为罐区爆炸后的实际场景图片。图 3 - 32 所示为爆炸发生后合成工段实景图。图 3 - 33 所示为爆炸发生后汽车房的实景图。

图 3-29 罐体爆炸后的火焰

图 3-30 CC-601C 储罐的爆炸碎片

表 3-13 初始事故发生后各建筑设施引发多米诺效应的概率

建筑设施	离爆源的最近距离/m	预测的压力值/kPa	建筑设施破坏阈值/kPa	火灾引发多米诺事故的概率 $Prof_{ij}$	爆炸引发多米诺事故的概率 $Prob_{ij}$	碎片抛射引发多米诺事故的概率 $Pros_{ij}$	初始事故引发的多米诺事故概率 Pro_{ij}
CC-601A 罐	29.50	266.31	200	1.0000	1.0000	1.0000	1.0000
CC-601B 罐	12.50	311.65	200	1.0000	1.0000	1.0000	1.0000

表3-13（续）

建筑设施	离爆源的最近距离/m	预测的压力值/kPa	建筑设施破坏阈值/kPa	火灾引发多米诺事故的概率 $Prof_{ij}$	爆炸引发多米诺事故的概率 $Prob_{ij}$	碎片抛射引发多米诺事故的概率 $Pros_{ij}$	初始事故引发的多米诺事故概率 Pro_{ij}
CC-601D罐	16.50	305.99	200	1.0000	1.0000	1.0000	1.0000
CC-601E罐	22.52	293.71	200	1.0000	1.0000	1.0000	1.0000
CC-602A罐	35.46	229.50	200	1.0000	1.0000	0.7176	1.0000
CC-602B罐	33.30	244.03	200	1.0000	1.0000	0.8136	1.0000
CC-602C罐	16.69	305.68	200	1.0000	1.0000	1.0000	1.0000
CC-603A罐	49.54	146.94	200	0.6264	0.0735	0.3677	0.6264
CC-603B罐	40.81	189.94	200	0.9230	0.0950	0.5418	0.9230
CC-604A罐	37.50	218.13	200	1.0000	1.0000	0.6417	1.0000
CC-604B罐	46.58	161.11	200	0.7084	0.0806	0.4159	0.7084
CC-604C罐	183.50	85.66	200	0.0457	0.0428	0.0268	0.0457
CC-604D罐	55.79	149.63	200	0.4940	0.0748	0.2900	0.4940
CC-604E罐	46.58	185.92	200	0.7084	0.0930	0.4159	0.7084
CC-605A罐	67.09	107.82	200	0.3415	0.0539	0.2005	0.3415
CC-605B罐	60.75	116.48	200	0.4165	0.0582	0.2445	0.4165
CC-605C罐	86.12	96.00	200	0.2073	0.0480	0.1217	0.2073
CC-605D罐	81.20	98.06	200	0.2331	0.0490	0.1369	0.2331
CC-605E罐	122.64	88.23	200	0.1022	0.0441	0.0600	0.1022
CC-606罐	146.38	86.60	200	0.0717	0.0433	0.0421	0.0717
CC-607A罐	105.87	90.55	200	0.1372	0.0453	0.0805	0.1372
CC-607B罐	167.82	85.92	200	0.0546	0.0430	0.0320	0.0546
CC-607C罐	100.50	91.67	200	0.1522	0.0458	0.0893	0.1522
CC-607D罐	79.50	98.89	200	0.2432	0.0494	0.1428	0.2432
CC-607E罐	164.36	86.01	200	0.0569	0.0430	0.0334	0.0569
CC-607F罐	163.50	86.04	200	0.0575	0.0430	0.0338	0.0575
CC-607G罐	126.01	87.90	200	0.0968	0.0440	0.0568	0.0968
CC-608A罐	143.48	86.75	200	0.0747	0.0434	0.0438	0.0747
CC-608B罐	142.50	86.80	200	0.0757	0.0434	0.0444	0.0757
CC-608C罐	121.50	88.35	200	0.1041	0.0442	0.0611	0.1041
罐场操作室	229.22	85.43	70	0.0293	1.0000	0.0172	1.0000

表 3-13（续）

建筑设施	离爆源的最近距离/m	预测的压力值/kPa	建筑设施破坏阈值/kPa	火灾引发多米诺事故的概率 $Prof_{ij}$	爆炸引发多米诺事故的概率 $Prob_{ij}$	碎片抛射引发多米诺事故的概率 $Pros_{ij}$	初始事故引发的多米诺事故概率 Pro_{ij}
液氯房	101.07	97.62	70	0.1505	1.0000	0.0883	1.0000
汽车房	189.53	86.71	70	0.0428	1.0000	0.0251	1.0000
循环水房1	349.28	83.22	70	0.0126	0.1189	0.0074	0.1189
循环水房2	365.21	81.36	70	0.0115	0.1162	0.0068	0.1162
合成工段	71.00	104.11	100	0.3049	1.0000	0.1790	1.0000
精馏工段	151.43	86.19	100	0.0670	0.0862	0.0394	0.0862
回收工段	71.00	103.25	100	0.3049	0.1033	0.1790	0.3049
聚合工段	292.33	53.66	100	0.0180	0.0537	0.0106	0.0537
醇解工段	296.77	53.27	100	0.0175	0.0533	0.0102	0.0533
成品库	424.50	9.04	100	0.0085	0.0090	0.0050	0.0090
综化楼	387.08	73.67	100	0.0103	0.0737	0.0060	0.0737
调度楼	503.95	3.89	100	0.0061	0.0039	0.0036	0.0061
有机厂门	381.33	53.23	70	0.0106	0.0760	0.0062	0.0760

图 3-31　罐区爆炸后的实际场景图片

五、救援风险计算分析

假设救援工作的工况为 CC-601C 储罐被引燃，但尚未爆炸，此时，救护指挥人员决定派人进入现场救援，假设指挥员给出的方案是对每个建筑设施都派 5 名消防救援人员进行 30 分钟的救援，那么前去各个设施开展救援的风险见表 3-14。

图 3 - 32　爆炸发生后合成工段实景图

图 3 - 33　爆炸发生后汽车房的实景图

表 3 - 14　假设条件下前去各设施救援的风险评估表

建筑设施	预测的压力值/kPa	初始事故引发的多米诺事故概率 Pro_{ij}	L	E	C	$D = LEC$	救援风险等级
CC - 601A 罐	266.31	1.0000	10	2	40	800	1
CC - 601B 罐	311.65	1.0000	10	2	40	800	1
CC - 601D 罐	305.99	1.0000	10	2	40	800	1
CC - 601E 罐	293.71	1.0000	10	2	40	800	1

表 3 - 14（续）

建筑设施	预测的压力值/kPa	初始事故引发的多米诺事故概率 Pro_{ij}	L	E	C	$D = LEC$	救援风险等级
CC-602A 罐	229.50	1.0000	10	2	40	800	1
CC-602B 罐	244.03	1.0000	10	2	40	800	1
CC-602C 罐	305.68	1.0000	10	2	40	800	1
CC-603A 罐	146.94	0.6264	10	2	40	800	1
CC-603B 罐	189.94	0.9230	10	2	40	800	1
CC-604A 罐	218.13	1.0000	10	2	40	800	1
CC-604B 罐	161.11	0.7084	10	2	40	800	1
CC-604C 罐	85.66	0.0457	3	2	15	90	3
CC-604D 罐	149.63	0.4940	6	2	40	480	1
CC-604E 罐	185.92	0.7084	10	2	40	800	1
CC-605A 罐	107.82	0.3415	6	2	40	480	1
CC-605B 罐	116.48	0.4165	6	2	40	480	1
CC-605C 罐	96.00	0.2073	6	2	15	180	2
CC-605D 罐	98.06	0.2331	6	2	15	180	2
CC-605E 罐	88.23	0.1022	6	2	15	180	2
CC-606 罐	86.60	0.0717	3	2	15	90	3
CC-607A 罐	90.55	0.1372	6	2	15	180	2
CC-607B 罐	85.92	0.0546	3	2	15	90	3
CC-607C 罐	91.67	0.1522	6	2	15	180	2
CC-607D 罐	98.89	0.2432	6	2	15	180	2
CC-607E 罐	86.01	0.0569	3	2	15	90	3
CC-607F 罐	86.04	0.0575	3	2	15	90	3
CC-607G 罐	87.90	0.0968	3	2	15	90	3
CC-608A 罐	86.75	0.0747	3	2	15	90	3
CC-608B 罐	86.80	0.0757	3	2	15	90	3
CC-608C 罐	88.35	0.1041	6	2	15	180	2
罐场操作室	85.43	1.0000	10	2	15	300	1
液氯房	97.62	1.0000	10	2	15	300	1

表 3 - 14（续）

建筑设施	预测的压力值/kPa	初始事故引发的多米诺事故概率 Pro_{ij}	L	E	C	$D = LEC$	救援风险等级
汽车房	86.71	1.0000	10	2	15	300	1
循环水房1	83.22	0.1189	6	2	15	180	2
循环水房2	81.36	0.1162	6	2	15	180	2
合成工段	104.11	1.0000	10	2	40	800	1
精馏工段	86.19	0.0862	3	2	15	90	3
回收工段	103.25	0.3049	6	2	40	480	1
聚合工段	53.66	0.0537	3	2	15	90	3
醇解工段	53.27	0.0533	3	2	15	90	3
成品库	9.04	0.0090	1	2	5	10	5
综化楼	73.67	0.0737	3	2	15	90	3
调度楼	3.89	0.0061	1	2	5	10	5
有机厂门	53.23	0.0760	3	2	15	90	3

第四章　基于数模融合的井下瓦斯爆炸事故救援风险评价

本章继续采用 GRNN 神经网络算法，利用井下瓦斯爆炸数值模拟数据进行训练学习并对预测结果进行分析验证。对某煤矿在没有发生事故时，进行全量建模，并利用爆炸数值模拟程序不停地计算，形成各种爆炸条件下的数据，然后利用神经网络算法持续不断地进行自动学习，形成一个比较理想的神经网络预测模型，然后再将预测的结果用于救援风险分析。

第一节　井下瓦斯爆炸的神经网络算法构建

一、井下瓦斯爆炸场景分析

煤矿井下巷道按照所处空间位置和形状的不同，可分为垂直巷道、水平巷道、倾斜巷道三大类。这三类巷道不管在水平方向或是垂直方向，相连接的巷道之间都会有一定的夹角。根据不同烈度的井下瓦斯爆炸波及的范围来看，最简单的情况就是一条直的巷道，再复杂点就是有一个拐角的两条连接巷道，最复杂的就是有多个拐角的相连巷道。此外，若瓦斯爆炸发生在采空区，那么巷道内是没有障碍物的。

根据上述情况，大致可以将煤矿井下巷道归纳为 4 类：无障碍物的直巷道、无障碍物的一个拐弯巷道、有障碍物的一个拐弯巷道、有障碍物的多个拐弯巷道。因此，在数值模拟软件中构建煤矿井下场景可以采取场景从简单逐步向复杂过渡的方式建模，对应构建为直管、弯管、弯管加障碍物、多弯管加障碍物。

二、输入、输出层神经元的选择

根据第三章对影响井下瓦斯爆炸传播的因素分析可知，影响爆炸结果的因素很多，情况也特别复杂，因此在设定瓦斯爆炸神经网络算法输入输出之前，有以下假设条件：①井下涌出的瓦斯浓度是均一的；②涌出的瓦斯是连续充满巷道的且形状为规则的长方体；③爆炸的点火点在涌出的瓦斯云团的中心。

根据以上假设，可以把爆源的参数，即瓦斯的浓度、井下参与爆炸的瓦斯的体积、爆源所在的位置（瓦斯云团中心点 X、Y、Z 坐标值）和观点的坐标值作神经网络算法的输入，观测点的压力、温度峰值作为输出，具体见表 4-1。

表 4-1　井下瓦斯爆炸广义回归神经网络输入和输出

项　目	神经元	参 数 的 含 义
输入	X_1	瓦斯浓度/%
	X_2	参与爆炸的瓦斯体积/m³
	X_3	爆炸点火点的 X 坐标值
	X_4	爆炸点火点的 Y 坐标值
	X_5	爆炸点火点的 Z 坐标值
	X_6	观测点的 X 坐标值
	X_7	观测点的 Y 坐标值
	X_8	观测点的 Z 坐标值
输出	P	观测点压力峰值/kPa
	T	观测点温度峰值/℃

三、瓦斯爆炸场景数值模拟研究

在数值模拟软件中构建 4 种场景，分别对应直巷道、拐弯巷道和井下存在障碍物的拐弯巷道、多拐弯巷道。对这四种场景采用爆炸模拟软件进行数值模拟，得到模拟数据，见表 4-2。场景一、场景二建模如图 4-1、图 4-2 所示。

表 4-2　各瓦斯爆炸模拟场景的参数及观测点

场景	主要特征	爆源参数	管道（地形）参数	选取的观测点
一	直管	瓦斯云团的大小为 L(m)×0.18 m×0.18 m；瓦斯浓度为 9.5%	主管道长 35.18 m，截面 200 mm×200 mm	100 个观测点位于巷道的 25 个横截面上，每个截面 4 个观测点 [(X, 0.07, 0.07), (X, 0.14, 0.07), (X, 0.07, 0.14), (X, 0.14, 0.14)]。X 是原点到每个横截面的垂直距离

表4-2（续）

场景	主要特征	爆源参数	管道（地形）参数	选取的观测点
二	弯管	瓦斯云团的大小为L(m)×0.78 m×0.78 m。瓦斯浓度9.5%	主管道长25 m，斜管长10 m，截面800 mm×800 mm，主管与斜管之间的夹角为45°	100个观测点位于巷道的25个横截面上，每个截面4个观测点。其中前19个观测点的坐标为：[(X,0.3,0.3)，(X,0.3,0.6)，(X,0.07,0.14)，(X,0.14,0.14)]。X是原点到每个横截面的垂直距离。后六个观测点截面位于斜管
三	弯管加障碍物	瓦斯云团的大小为：L(m)×0.78 m×0.78 m。瓦斯浓度从6%到13%	主管道长25 m，斜管长10 m，截面800 mm×800 mm，主管与斜管之间的夹角为45°，在主管道12 m处放置一个立方体（0.4 m×0.4 m×0.4 m），18 m处放置一个长方体（0.4 m×0.5 m×0.3 m），22 m处放置一个圆柱体（底面半径0.3 m，高0.4 m），在斜管1.8 m处放置一个球体（直径0.3 m）	100个观测点位于巷道的25个横截面上，每个截面4个观测点。其中前19个观测点的坐标为：[(X,0.3,0.3)，(X,0.3,0.6)，(X,0.07,0.14)，(X,0.14,0.14)]。X是原点到每个横截面的垂直距离。后6个观测点截面位于斜管
四	多弯管加障碍物	瓦斯云团的大小为：L(m)×2.8 m×2.8 m。瓦斯浓度从6%到13%	管道截面2.8 m×2.8 m，总管道分四段，第一段长100 m，第二段长20 m，第三段长26 m，第四段长18 m；一、二段之间的夹角为80°，二、三段之间的夹角为155°，三、四段之间的夹角为60°；截面2.8 m×2.8 m；在整个管道里放置了8个障碍物	100个观测点位于巷道的25个横截面上，每个截面4个观测点。前16个观测点截面位于第一段，第二段有4个观测点截面，第三段有3个观测点截面，第四段有2个观测点截面

1. 场景一模拟场景计算

场景一：在不同大小的瓦斯云团下，观测点的位置不变，即25个观测点截面不变，这25个截面到原点的垂直距离X（单位为m）依次为0.25、0.5、0.75、1、1.25、1.5、1.75、2、2.25、2.5、2.75、3、3.5、4、4.5、5、5.5、6.5、7.5、8.5、10.5、12.5、19.5、24.5。瓦斯云团长度L（单位为m）的值在不断地改变，L值依次为6、7、8、9、10、11、12、13、14、20、24、28、32。

场景一中，变换不同的L值然后利用软件进行数值模拟，共需模拟13次，得到特征数据1300条（表4-7中展示部分特征数据），然后将这1300条数据供构建的神经网络算法学习。

图 4 - 1　瓦斯爆炸场景一建模

图 4 - 2　瓦斯爆炸场景二建模

图 4 - 3 是在场景一中爆源气体长度为 20 m 时观测点 15、51、80、95 的时间压力曲线；图 4 - 4 是在场景一中爆源气体长度为 32 m 时观测点 32、55、77、93 的时间压力曲线。

表 4 - 3 中列出了在场景一时不同长度的瓦斯云团爆炸后部分观测的压力峰值。

2. 场景二：模拟场景计算

场景二：在不同大小的瓦斯云团下，观测点的位置不变，即 25 个观测点截面不变，前 19 个观测点截面位于第一段（直管部分），后 6 个观测点截面位于第二段（斜管部分）；前 19 个截面到原点的垂直距离 x（单位为 m）依次为 6、

表 4 - 3 瓦斯爆炸场景一模拟计算数据

瓦斯云团长度 L/m	部分观测点的压力峰值/kPa													
	P_1	P_9	P_{17}	P_{25}	P_{33}	P_{41}	P_{49}	P_{57}	P_{65}	P_{73}	P_{81}	P_{89}	P_{97}	P_{100}
6	113.37	111.78	108.37	105.37	104.81	104.35	103.63	102.66	101.76	102.73	106.38	108.79	104.64	104.64
7	113.37	111.78	108.37	105.37	104.81	104.35	103.63	102.66	101.76	102.73	106.38	108.79	104.64	104.64
8	133.32	132.16	129.15	124.78	122.51	121.83	121.09	120.01	119.05	117.70	118.25	132.44	127.15	127.15
9	142.85	140.45	136.02	129.89	128.15	127.78	126.92	125.53	123.78	120.45	121.94	131.30	137.78	137.76
10	149.00	146.12	143.50	141.49	140.57	139.90	139.42	138.06	135.83	130.60	126.38	139.53	153.91	153.88
11	113.37	111.78	108.37	105.37	104.81	104.35	103.63	102.66	101.76	102.73	106.38	108.79	104.64	104.64
12	176.75	174.74	170.39	167.37	166.03	165.09	163.40	160.69	157.72	150.97	143.70	149.09	183.55	183.47
13	184.06	182.64	180.00	176.35	174.59	174.07	173.03	171.00	168.40	162.11	150.15	158.81	187.02	187.01
14	191.98	190.89	187.91	183.36	180.21	179.09	178.24	177.27	175.89	170.12	158.05	164.71	180.65	180.58
20	196.92	195.29	191.08	188.70	184.23	179.04	176.39	173.94	172.10	173.85	176.39	173.34	154.70	154.71
24	223.30	219.84	216.80	217.67	215.95	206.36	180.13	173.92	173.75	172.55	175.40	157.26	136.87	136.86
28	259.49	256.18	250.08	241.21	230.03	217.93	189.13	173.20	168.43	159.61	155.19	137.08	124.44	124.32
32	225.00	221.09	214.99	206.83	196.71	187.67	166.32	140.90	140.11	130.66	115.27	114.90	117.87	117.86

7、8、9、10、11、11.9、13、14、15、16、17、17.9、19、20、21、22.2、23、24，后 6 个截面观测点的 x 坐标值依次为 26、27、28、30、32、34。

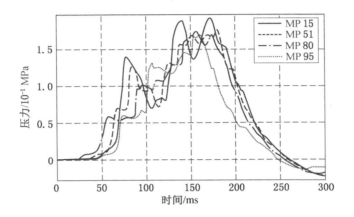

图 4-3　L 为 20 m 时四个观测点的时间压力曲线

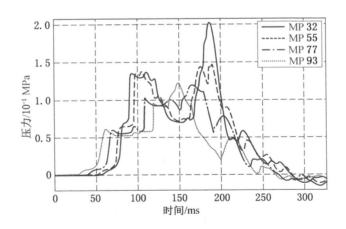

图 4-4　L 为 32 m 时四个观测点的时间压力曲线

图 4-5 是在场景二中爆源气体长度为 12 m 时观测点 18、39、63、92 的时间压力曲线；图 4-6 是在场景二中爆源气体长度为 23 m 时观测点 7、42、76、95 的时间压力曲线。

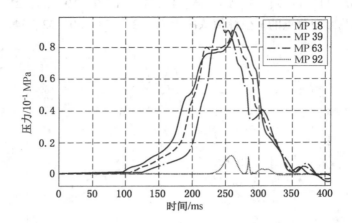

图 4-5 L 为 12 m 时四个观测点的时间压力曲线

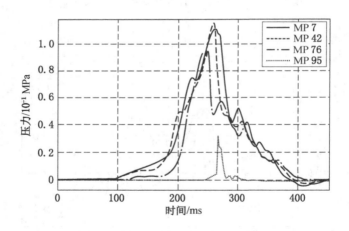

图 4-6 L 为 23 m 时四个观测点的时间压力曲线

表 4-4 中列出了在场景二时不同长度的瓦斯云团爆炸后部分观测的压力峰值。

3. 场景三：模拟场景计算

场景三：观测点的位置和瓦斯云团的设置和场景二是一样的，区别在于在管道中设置了障碍物。图 4-7 所示为瓦斯爆炸场景三建模。

表4-4　瓦斯爆炸场景二模拟计算数据

部分观测点的压力峰值/kPa

瓦斯云团长度L/m	P_3	P_{11}	P_{19}	P_{27}	P_{35}	P_{43}	P_{51}	P_{59}	P_{67}	P_{75}	P_{83}	P_{91}	P_{99}	P_{100}
6	72.76	71.70	75.24	75.11	72.84	70.07	67.26	64.84	71.90	76.46	11.91	6.78	1.04	1.04
7	72.75	71.79	72.18	75.43	73.67	71.04	68.89	67.60	77.42	82.84	10.41	7.66	1.20	1.20
8	73.34	73.36	73.03	74.63	76.64	76.25	74.40	73.90	83.32	91.29	9.30	8.50	1.32	1.32
9	74.03	74.04	73.97	73.81	77.43	79.65	79.35	80.33	89.62	100.33	12.35	9.26	1.41	1.41
10	75.70	75.68	75.78	75.90	78.05	81.43	83.14	85.80	95.07	108.69	20.24	9.90	2.63	2.63
11	86.61	86.07	85.51	85.01	84.47	83.76	85.44	90.22	99.65	115.89	27.06	10.54	3.92	3.92
12	97.58	95.21	93.91	92.54	91.11	89.83	89.24	93.02	103.44	121.97	35.60	11.13	6.08	6.07
13	106.79	102.96	100.41	97.98	95.71	94.48	94.43	95.51	106.52	126.78	43.16	15.94	8.86	8.85
15	120.71	114.56	108.87	104.63	102.19	102.63	104.80	107.66	111.06	132.51	62.82	31.76	16.93	16.91
17	132.08	124.15	116.19	109.77	106.20	109.38	112.85	115.62	116.49	127.71	76.91	46.54	25.38	25.36
19	125.33	120.89	115.19	110.85	111.11	114.21	117.11	120.36	120.99	120.84	81.31	52.68	29.30	29.27
21	115.18	113.10	111.11	112.53	115.86	118.75	120.58	118.74	114.39	112.25	77.87	51.20	27.54	27.51
23	109.51	112.11	114.34	115.89	117.07	114.72	111.05	105.76	99.07	94.48	68.48	45.59	22.03	22.00

图 4 - 8 是在场景三中爆源气体长度为 9 m 时观测点 13、33、66、87 的时间压力曲线；图 4 - 9 是在场景三中爆源气体长度为 17 m 时观测点 9、50、71、93 的时间压力曲线；图 4 - 10 是场景三中爆源气体长度为 23 m 时，发生爆炸时的压力演变情况。

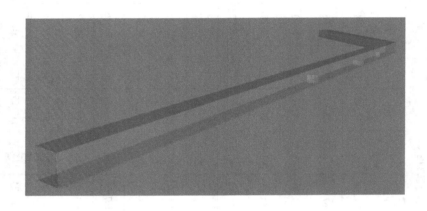

图 4 - 7　瓦斯爆炸场景三建模

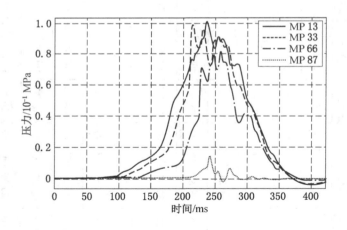

图 4 - 8　L 为 9 m 时四个观测点的时间压力曲线

表 4 - 5 中列出了在场景三时不同长度的瓦斯云团爆炸后部分观测的压力峰值。

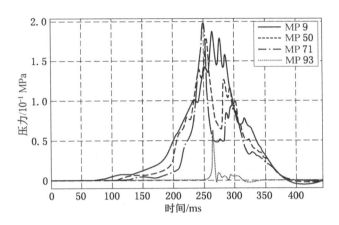

图 4 - 9　L 为 17 m 时四个观测点的时间压力曲线

图 4 - 10　场景三中爆源气体长度为 23 m 发生爆炸时的压力演变图

表4-5 瓦斯爆炸场景三模拟计算数据

部分观测点的压力峰值/kPa

瓦斯云团长度 L/m	p_2	p_{10}	p_{18}	p_{26}	p_{34}	p_{42}	p_{50}	p_{58}	p_{66}	p_{74}	p_{82}	p_{90}	p_{98}	p_{100}
6	75.64	74.47	76.01	73.38	86.76	91.18	90.19	72.98	64.38	72.62	6.32	6.82	1.27	0.87
7	83.27	82.81	82.57	81.22	99.90	105.08	110.27	85.51	72.17	84.22	6.37	8.66	1.91	1.42
8	93.67	92.47	90.34	89.93	97.52	102.65	109.82	85.18	72.89	88.50	7.50	8.77	2.59	1.84
9	104.95	102.37	99.23	97.37	97.68	102.55	111.66	94.65	80.95	102.87	9.21	8.85	3.42	2.36
10	116.16	111.76	106.27	106.79	110.61	107.03	109.62	114.87	96.16	124.98	10.41	11.98	4.98	3.67
11	124.52	123.03	120.63	126.27	127.29	122.31	125.01	129.64	111.13	142.57	11.92	15.19	6.87	5.52
12	133.84	130.35	136.73	140.02	135.37	135.26	138.52	139.71	126.59	150.58	12.88	17.01	7.23	6.61
13	143.54	144.07	147.32	147.54	141.43	143.23	145.83	148.56	141.67	165.69	19.70	18.89	9.86	7.83
15	167.06	167.43	165.56	159.00	156.13	155.47	157.99	164.55	173.72	191.76	55.17	52.61	25.19	22.33
17	206.13	186.17	184.93	177.51	177.61	175.41	177.19	183.67	190.82	216.36	79.03	79.08	38.27	35.46
19	204.20	180.35	186.00	185.94	189.71	183.34	177.28	181.83	183.99	203.15	80.65	89.61	45.93	42.93
21	175.28	162.36	169.46	174.54	176.87	169.32	154.83	158.76	161.82	182.14	71.93	82.16	43.16	40.35
23	183.61	167.81	167.07	165.10	161.57	150.97	140.24	146.52	150.33	181.93	81.09	87.65	39.89	37.06

4. 场景四：模拟场景计算

场景四：在不同大小的瓦斯云团下，观测点的位置不变，即 25 个观测点截面不变，前 16 个观测点截面位于第一段（直管），有 4 个观测点截面位于第二段，3 个观测点截面位于第三段，2 个观测点截面位于第四段。图 4 - 11 所示为瓦斯爆炸场景四建模。前 16 个截面到原点的垂直距离 X（单位为 m）依次为 0、5、10、15、20、25、30、35、40、45、50、60、70、75、79、82；第二段的观测点在 Y 方向的垂直距离依次为 4、8、12、27；第三段的观测点在 Y 方向的垂直距离依次为 32、43、55；第三段的观测点在 X 方向的垂直距离依次为 77、68。

图 4 - 11　瓦斯爆炸场景四建模

图 4 - 12 是在场景四中爆源气体长度为 35 m 时观测点 10、29、63、82 的时间压力曲线；图 4 - 13 是在场景四中爆源气体长度为 70 m 时观测点 15、45、75、95 的时间压力曲线；图 4 - 14 所示为场景四中爆源气体长度为 80 m 发生爆炸时的压力演变情况。

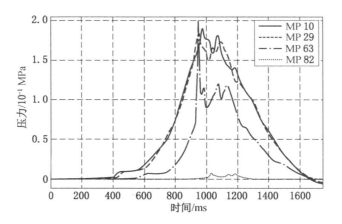

图 4 - 12　L 为 35 m 时四个观测点的时间压力曲线

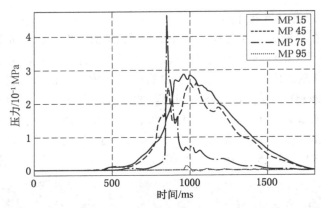

图 4−13　L 为 70 m 时四个观测点的时间压力曲线

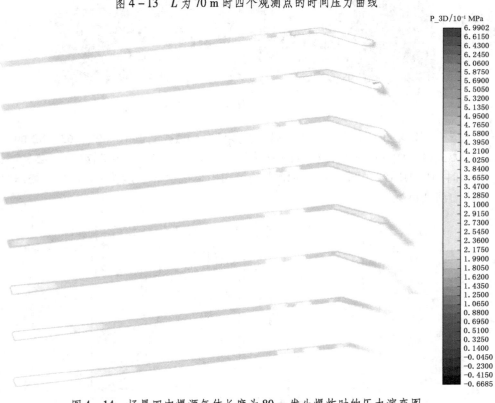

图 4−14　场景四中爆源气体长度为 80 m 发生爆炸时的压力演变图

表 4−6 中列出了在场景四时不同长度的瓦斯云团爆炸后部分观测的压力峰值。

表 4 - 6　瓦斯爆炸场景四模拟计算数据

部分观测点的压力峰值/kPa

瓦斯云团长度 L/m	P_4	P_{12}	P_{20}	P_{28}	P_{36}	P_{44}	P_{52}	P_{60}	P_{68}	P_{76}	P_{84}	P_{92}	P_{96}	P_{100}
20	107.95	106.28	106.39	106.08	105.99	106.08	41.66	38.09	26.39	23.11	2.06	1.07	0.47	1.12
30	170.67	168.96	167.65	165.76	162.80	159.63	80.37	74.90	50.49	48.04	4.82	3.34	1.58	3.29
35	193.92	189.02	187.69	185.72	182.15	177.48	95.50	103.17	61.93	61.19	7.10	4.10	1.77	4.39
40	222.81	206.41	199.11	198.74	200.90	205.15	160.22	159.26	95.65	99.23	15.16	5.49	3.03	4.76
45	237.29	210.99	213.34	207.50	211.83	220.73	196.41	225.25	140.90	184.17	32.18	6.40	4.30	5.89
50	244.52	231.44	229.15	221.42	236.96	242.47	224.32	255.95	183.03	244.90	45.00	7.54	6.19	7.40
55	295.96	271.69	266.86	271.98	274.21	269.20	185.13	279.76	226.23	312.54	53.41	8.77	6.53	8.28
60	295.03	297.80	285.67	279.75	280.51	270.33	225.04	304.78	243.12	318.55	59.53	9.49	9.17	10.57
65	300.14	289.38	288.76	278.71	280.16	277.82	320.86	296.10	296.44	351.48	76.55	12.57	12.17	13.51
70	309.43	296.22	293.05	305.67	303.65	308.69	346.32	332.93	316.69	389.27	84.73	13.24	12.54	14.15
75	332.13	327.99	319.22	322.20	333.20	338.99	326.82	328.05	343.47	391.72	99.97	16.19	14.99	17.58
77	355.76	341.27	338.51	334.72	350.53	365.67	312.86	324.16	356.33	385.44	108.06	17.76	15.94	19.15
80	366.21	350.35	351.21	347.21	361.13	379.60	301.41	328.32	362.40	381.78	113.82	18.98	16.71	20.43

四、数据训练、预测及分析

1. 数据训练

通过井下瓦斯爆炸场景一各种不同的爆源条件进行数值模拟得到 9094700 条数据，计算提取每种爆源条件下 100 个观测点的压力（温度）峰值（表 4 - 3 ~ 表 4 - 6）。

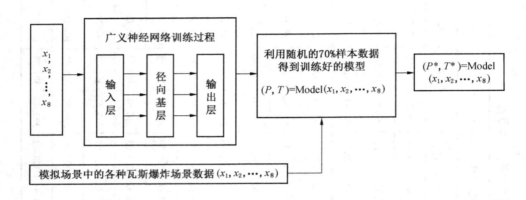

图 4 - 15 井下瓦斯爆炸神经网络模型计算流程

将 8 个输入量（x_1，x_2，…，x_8）与该条件下的井下瓦斯爆炸数值模拟结果数据（压力峰值或温度峰值）共同组成一条特征数据，场景一按图 4 - 15 所示流程在不同的爆源条件下共提炼出特征数据 1300 组（表 4 - 7）。这些特征数据都提供给 GRNN 神经网络算法进行数据训练或测试。

表 4 - 7 根据场景一数值模拟计算结果提取的瓦斯爆炸特征数据

序号	x_1	x_2	x_3	x_4	x_5	x_6	x_7	x_8	P	T
1	9.5	0.1944	3	0.11	0.11	0.25	0.07	0.07	113.37	89.2
2	9.5	0.1944	3	0.11	0.11	0.25	0.14	0.07	113.37	89.2
3	9.5	0.1944	3	0.11	0.11	0.25	0.07	0.14	113.37	89.2
4	9.5	0.1944	3	0.11	0.11	0.25	0.14	0.14	113.37	89.2
5	9.5	0.1944	3	0.11	0.11	0.5	0.07	0.07	112.76	88.9
⋮										

表4-7（续）

序号	x_1	x_2	x_3	x_4	x_5	x_6	x_7	x_8	P	T
207	9.5	0.2592	4	0.11	0.11	0.5	0.07	0.14	132.82	98.0
208	9.5	0.2592	4	0.11	0.11	0.5	0.14	0.14	132.82	98.0
209	9.5	0.2592	4	0.11	0.11	0.75	0.07	0.07	132.16	97.7
210	9.5	0.2592	4	0.11	0.11	0.75	0.14	0.07	132.16	97.7
211	9.5	0.2592	4	0.11	0.11	0.75	0.07	0.14	132.16	97.7
⋮										
415	9.5	0.324	5	0.11	0.11	1	0.07	0.14	144.62	103.1
416	9.5	0.324	5	0.11	0.11	1	0.14	0.14	144.63	103.1
417	9.5	0.324	5	0.11	0.11	1.25	0.07	0.07	143.50	102.6
418	9.5	0.324	5	0.11	0.11	1.25	0.14	0.07	143.49	102.6
419	9.5	0.324	5	0.11	0.11	1.25	0.07	0.14	143.49	102.6
⋮										
719	9.5	0.4212	6.5	0.11	0.11	1.25	0.07	0.14	180.00	117.3
720	9.5	0.4212	6.5	0.11	0.11	1.25	0.14	0.14	180.00	117.3
721	9.5	0.4212	6.5	0.11	0.11	1.5	0.07	0.07	178.15	116.6
722	9.5	0.4212	6.5	0.11	0.11	1.5	0.14	0.07	178.15	116.6
723	9.5	0.4212	6.5	0.11	0.11	1.5	0.07	0.14	178.14	116.6
⋮										
1091	9.5	0.7776	12	0.11	0.11	15.5	0.07	0.14	157.26	2177.9
1092	9.5	0.7776	12	0.11	0.11	15.5	0.14	0.14	157.26	2177.3
1093	9.5	0.7776	12	0.11	0.11	19.5	0.07	0.07	144.79	2145.9
1094	9.5	0.7776	12	0.11	0.11	19.5	0.14	0.07	144.79	2137.5
1095	9.5	0.7776	12	0.11	0.11	19.5	0.07	0.14	144.79	2136.8
⋮										
1296	9.5	1.0368	16	0.11	0.11	19.5	0.14	0.14	121.32	2125.5
1297	9.5	1.0368	16	0.11	0.11	24.5	0.07	0.07	117.87	2089.8
1298	9.5	1.0368	16	0.11	0.11	24.5	0.14	0.07	117.87	2089.4
1299	9.5	1.0368	16	0.11	0.11	24.5	0.07	0.14	117.87	2089.3
1300	9.5	1.0368	16	0.11	0.11	24.5	0.14	0.14	117.86	2088.5

同样的，可以通过瓦斯场景二、三、四进行数值模拟计算后提取特征数据，然后分别采用神经网络算法进行训练学习。

2. 平滑因子的确定

同化工爆炸一样，将井下瓦斯爆炸场景一数值模拟结果提炼出的 1300 条特征数据按照训练集：测试集 = 7∶3 的比例随机划分训练集和测试集。采用平滑因子从 0.1 至 0.9、步长为 0.1 分别进行训练和测试，得出训练预测值与测试预测值，并根据得出的预测值与实际值求出均方误差。

3. 预测效果分析

为了检验瓦斯爆炸预测效果，在将瓦斯爆炸场景一的模拟计算结果数据用于神经网络算法训练时，不把气体长度 L 为 18 m 时的模拟结果放入训练集，即结果不包含在形成的 1300 条特征数据里。然后利用神经网络算法预测 L 为 18 m 时，各观测点的峰值数据，再和 L 为 18 m 时的数值模拟的值进行一一比较，比较的结果如图 4 - 16 所示，可以看出这两条线比较吻合，说明预测的偏差很小。

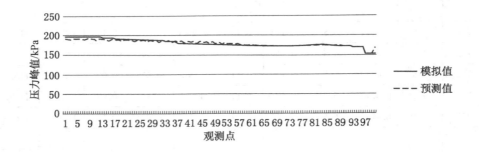

图 4 - 16　L 为 18 m 时模拟值与预测值的直接对比图

同样的，我们再取瓦斯气体长度 L 的值分别为 9.5、12.5、26 用训练好的神经网络算法进行预测，然后与模拟值进行比较。

采用计算观测点预测值的相对误差，即（测试预测值 - 真实模拟值）÷ 真实模拟值，来分析预测效果。表 4 - 8 是在场景一 L 分别取值 9.5、12.5、18、26 时的相对误差范围分析；表 4 - 9 是在场景二 L 分别取值 6.5、11.5、17.5、20.5 时的相对误差范围分析；表 4 - 10 是在场景三 L 分别取值 7.5、14、16、18 时的相对误差范围分析；表 4 - 11 是在场景四 L 分别取值 38、52、67、78 时的相对误差范围分析。场景一、二、三、四不同 L 值预测相对误差情况如图 4 - 17 ~ 图 4 - 20 所示。

表 4-8　场景一 L 取不同值时预测值与模拟值相对误差对比

L/m	相对误差小于1%的预测结果占比/%	相对误差大于1%、小于5%的预测结果占比/%	相对误差大于5%、小于10%的预测结果占比/%	相对误差大于10%的预测结果占比/%	平均相对误差/%
9.5	52	45	3	0	1.52
12.5	44	53	1	2	1.92
18	46	53	0	1	1.42
26	11	52	37	0	4.00

表 4-9　场景二 L 取不同值时预测值与模拟值相对误差对比

L/m	相对误差小于1%的预测结果占比/%	相对误差大于1%、小于5%的预测结果占比/%	相对误差大于5%、小于10%的预测结果占比/%	相对误差大于10%的预测结果占比/%	平均相对误差/%
6.5	5	72	16	7	4.62
11.5	4	71	13	12	5.34
17.5	0	76	14	10	5.12
20.5	0	73	22	5	4.82

表 4-10　场景三 L 取不同值时预测值与模拟值相对误差对比

L/m	相对误差小于1%的预测结果占比%	相对误差大于1%、小于5%的预测结果占比/%	相对误差大于5%、小于10%的预测结果占比/%	相对误差大于10%的预测结果占比/%	平均相对误差/%
7.5	20	49	18	13	5.38
14	24	54	3	19	5.81
16	25	52	14	9	3.62
18	26	54	14	6	3.13

表 4-11　场景四 L 取不同值时预测值与模拟值相对误差对比

L/m	相对误差小于1%的预测结果占比/%	相对误差大于1%、小于5%的预测结果占比/%	相对误差大于5%、小于10%的预测结果占比/%	相对误差大于10%的预测结果占比/%	平均相对误差/%
38	9	40	9	42	15.8
52	11	40	26	23	7.54
67	5	49	39	7	6.2
78	1	39	51	9	7.81

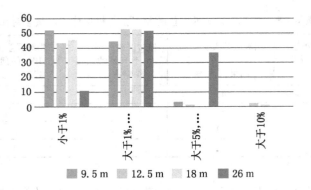

图 4-17　场景一不同 L 值预测相对误差情况

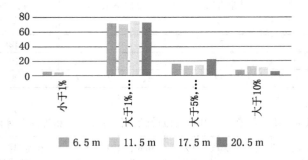

图 4-18　场景二不同 L 值预测相对误差情况

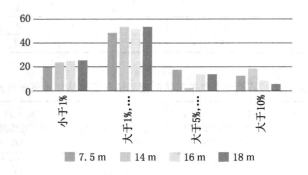

图 4-19　场景三不同 L 值预测相对误差情况

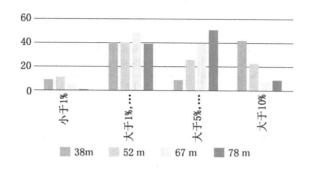

图 4 - 20　场景四不同 L 值预测相对误差情况

经过计算，煤矿事故爆炸场景压力峰值预测结果的平均误差为 5.26% 。从上面四种不同场景的模拟值与预测值对比来看，简单场景的预测效果要优于复杂场景；相同场景中有无障碍物对预测结果影响不大（场景二与场景三对比）；场景四的预测数据中，当 $L = 38$ m 时，预测结果误差较大，详细分析了场景四的预测数据，发现：因为爆源气体的长度较短，爆炸的压力传播距离也较短，在远端的观测点测得的压力值很小，当压力值小的时候，预测的误差会陡增，主要是因为若数据极小，通过神经网络算法预测的数据稍微偏离即会占很大的百分比。一般来说，当冲击波超压为 20 ~ 30 kPa 时，人会受到轻微伤害；当冲击波超压为 5 ~ 6 kPa 时，门窗玻璃会受损；所以在实际模拟压力值小于 5 kPa 时，即便相对误差较大，也不会影响到实际应用。通过数据对比，误差较大的主要集中在压力模拟值和预测值都在 5 kPa 以下的观测点，表 4 - 12 对预测相对误差超过 10% 的压力值情况进行了分析。

表 4 - 12　预测相对误差超过 10% 的压力值情况分析

场　景　一			
L/m	相对误差大于 10% 的预测结果占比/%	大于 10% 误差中模拟值小于 5 kPa 的占比/%	大于 10% 误差中预测值小于 5 kPa 的占比/%
9.5	0	无数据	无数据
12.5	2	100	100
18	1	100	100
26	0	无数据	无数据

表 4 - 12（续）

场 景 二			
L/m	相对误差大于 10% 的 预测结果占比/%	大于 10% 误差中模拟值 小于 5 kPa 的占比/%	大于 10% 误差中预测值 小于 5 kPa 的占比/%
7.5	7	100	100
14	12	83.33	83.33
16	10	80	80
18	5	60	60

场 景 三			
L/m	相对误差大于 10% 的 预测结果占比/%	大于 10% 误差中模拟值 小于 5 kPa 的占比/%	大于 10% 误差中预测值 小于 5 kPa 的占比/%
6.5	13	84.61	84.61
11.5	19	89.47	89.47
17.5	9	77.78	77.78
20.5	6	100	100

场 景 四			
L/m	相对误差大于 10% 的 预测结果占比/%	大于 10% 误差中模拟值 小于 5 kPa 的占比/%	大于 10% 误差中预测值 小于 5 kPa 的占比/%
38	42	85.71	83.33
52	23	86.96	86.96
62	7	71.43	85.71
78	9	88.89	88.89

用不同数量的数据进行训练后，预测结果的误差肯定也是不一样的。一般来说，用于训练的数据越多，得到的预测结果越准确，下面选取最为复杂的煤矿场景四分别用 400、600、1300 条数据进行训练，然后进行预测，得到的预测结果误差统计见表 4 - 13。可以看出，用于数据训练的数据越多，预测结果的相对误差越小。

同样的，在煤矿井下瓦斯爆炸场景，预测的时间是由要预测的输出（压力、温度）数量决定的，输出数量越少，时间就会越短。在编者使用的主流配置的笔记本电脑上，当预测的观测点数在 1000 个时，9.8236 s 得出预测结果。

表4-13　采用不同数据量进行煤矿瓦斯爆炸神经网络学习后预测的误差情况分析

L/m	用400条数据训练的平均相对误差/%	用800条数据训练的平均相对误差/%	1300条数据训练的平均相对误差/%
38	24.83	16.68	15.8
52	29.92	9.48	7.54
67	41.79	9.63	6.2
78	52.6	22.3	7.81

第二节　井下瓦斯爆炸事故救援风险评价实例

以2018年10月25日发生的老鹰岩井"10·25"瓦斯爆炸事故作为研究的对象来进行煤矿瓦斯爆炸事故的救援风险评价分析。

一、煤矿概况

矿区面积为12.3597 km²，矿区范围由32个拐点坐标圈定，法定开采标高为 $-228 \sim 330$ m，许可开采高炭煤层、下元炭1和下元炭2煤层，目前主采下元炭2煤层，下元炭1煤层局部可采。煤层均不易自燃，煤尘均无爆炸危险性；矿井瓦斯灾害等级为高瓦斯，绝对瓦斯涌出量为24.89 m³/min，相对瓦斯涌出量为38.93 m³/t，煤层原始瓦斯最大绝对压力为0.49 MPa，原始瓦斯含量为7.864 m³/min。

事故发生区域基本情况：-90 m水平1114南回风巷全长102.4 m，通过砂仓与 -90 m水平南运输大巷联通，事故发生前1114南回风巷在出砂仓口进行了密闭，1114南回风巷通过1114南回风巷联络平巷、1114南回风联络斜巷与1114南回风巷连接，同时 -90 m水平联络平巷通过两道风门与 -90 m水平南运输大巷连接，所有巷道均采用锚喷支护。

二、事故概况

2018年10月25日9:25，该矿1114南回风巷发生瓦斯爆炸事故，造成4人死亡，2人受伤。经事后调查，在距离1114南回风巷掘进工作面的碛头20.1 m处，因工人用气焊切割轨道引爆1114南回风巷掘进工作面密闭内积聚的煤层瓦

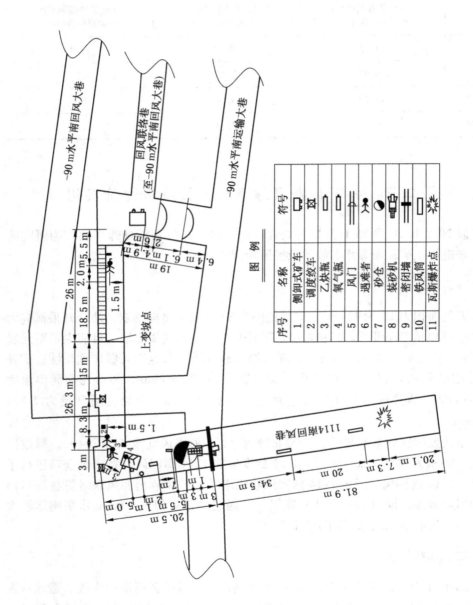

图 4－21 "10·25" 瓦斯爆炸事故发生区域巷道遵示意图

图 例

序号	名称	符号
1	侧卸式矿车	
2	调度绞车	
3	乙炔瓶	
4	氧气瓶	
5	风门	
6	遇难者	
7	砂仓	
8	装砂机	
9	密闭墙	
10	铁风筒	
11	瓦斯爆炸点	

斯。根据瓦斯监测系统数据测算，密闭内瓦斯涌出量约 336.75 m³。死亡人员的位置如图 4-21 所示，受伤人员的位置在 -90 m 水平南运输大巷与 1114 南回风巷矸仓下出口处。

三、全量模型数值模拟计算

图 4-22 所示为瓦斯爆炸事故发生区域巷道剖面图；图 4-23 所示为瓦斯爆炸事故发生区域全量建模。表 4-14 为煤矿井下波及部分全量模型早期数值模拟数据训练部分结果数据（压力）；表 4-15 为煤矿井下波及部分全量模型早期数值模拟数据训练部分结果数据（温度）。

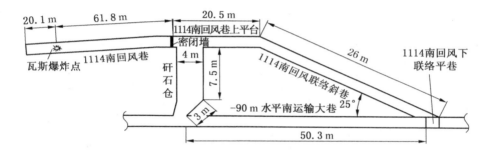

图 4-22　瓦斯爆炸事故发生区域巷道剖面图

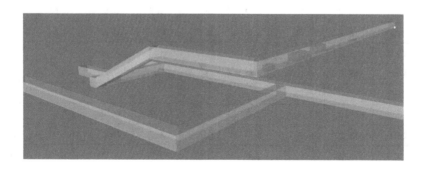

图 4-23　瓦斯爆炸事故发生区域全量建模

表4-14 煤矿井下波及部分全量模型早期数值模拟数据训练部分结果数据（压力）

序号	x_1	x_2	x_3	x_4	x_5	x_6	x_7	x_8	输出（压力）
1	8.0	467.00	0	0	0	0	0	0	92.65
2	8.0	467.00	0	0	0	1	0	0	92.21
3	8.0	467.00	0	0	0	2	0	0	91.99
4	8.0	467.00	0	0	0	3	0	0	91.81
5	8.0	467.00	0	0	0	4	0	0	91.53
⋮									
384	8.5	618.27	1	0.6	0.6	3	3	29.9	327.42
385	8.5	618.27	1	0.6	0.6	4	3	29.9	326.60
386	8.5	618.27	2	0.6	0.6	5	3	39.9	324.86
387	8.5	618.27	3	1.9	0.6	6	3	54.63	291.40
388	8.5	618.27	4	1.9	0.6	7	3	57.11	421.46
⋮									
441	9.5	618.27	6	1.9	0.6	8.7	1.85	63.82	495.63
442	9.5	618.27	7	1.9	0.6	8.7	2.85	67.97	495.22
443	9.5	618.27	7	1.9	0.6	9.7	0.85	67.97	559.83
444	9.5	618.27	7	1.9	0.6	10.7	0.85	67.97	778.03
445	9.5	618.27	7	1.9	0.6	11.7	0.85	67.97	208.99
⋮									
473	10	618.27	8	1.9	0.6	8.7	0.85	76.63	37.10
474	10	618.27	8	1.9	0.6	9.7	0.85	76.63	26.99
475	10	618.27	8	1.9	0.6	10.7	0.85	76.63	23.35
476	10.5	618.27	0	0	0	0	0	0	477.69
477	10.5	618.27	0	0	0	0	0	0	471.34
⋮									
495	10.5	618.27	7	1.9	0.6	7.7	0.85	67.97	229.92
496	10.5	618.27	7	1.9	0.6	8.7	0.85	67.97	120.54
497	10.5	618.27	8	1.9	0.6	9.7	0.85	76.63	44.16
498	10.5	618.27	8	1.9	0.6	10.7	0.85	76.63	37.66
499	10.5	618.27	8	1.9	0.6	11.7	0.85	76.63	27.33
⋮									

表4-14（续）

序号	x_1	x_2	x_3	x_4	x_5	x_6	x_7	x_8	输出(压力)
521	11	618.27	7	1.9	0.6	8.7	0.85	67.97	129.24
522	11	618.27	8	1.9	0.6	9.7	0.85	76.63	46.57
523	11	618.27	8	1.9	0.6	10.7	0.85	76.63	39.63
524	11	618.27	8	1.9	0.6	11.7	0.85	76.63	28.40
525	11	618.27	8	1.9	0.6	12.7	0.85	76.63	24.54
⋮									

表4-15 煤矿井下波及部分全量模型早期数值模拟数据训练部分结果数据（温度）

序号	x_1	x_2	x_3	x_4	x_5	x_6	x_7	x_8	输出(温度)
1	8	618.272	0	0	0	0	0	0	1908.80
2	8	618.272	0	0	0	1	0	0	1906.79
3	8	618.272	0	0	0	2	0	0	1896.62
4	8	618.272	0	0	0	3	0	0	1878.87
5	8	618.272	0	0	0	4	0	0	1861.41
⋮									
34	8.5	618.272	1	0.6	0.6	3	3	29.9	1850.02
35	8.5	618.272	1	0.6	0.6	4	3	29.9	1820.97
36	8.5	618.272	2	0.6	0.6	5	3	39.9	1791.16
37	8.5	618.272	3	1.9	0.6	6	3	54.63	1720.42
38	8.5	618.272	4	1.9	0.6	7	3	57.11	869.27
⋮									
176	10.5	618.272	5	1.9	0.6	8.7	3	60.26	1678.45
177	10.5	618.272	6	1.9	0.6	8.7	0.85	63.82	1643.35
178	10.5	618.272	6	1.9	0.6	9.7	0.85	63.82	1598.20
179	10.5	618.272	7	1.9	0.6	10.7	0.85	67.97	1591.74
180	10.5	618.272	7	1.9	0.6	11.7	0.85	67.97	1493.14
⋮									
286	10.5	618.272	7	1.9	0.6	8.7	0.85	67.97	806.57
287	10.5	618.272	7	1.9	0.6	9.7	0.85	67.97	348.71

表4-15（续）

序号	x_1	x_2	x_3	x_4	x_5	x_6	x_7	x_8	输出（温度）
288	10.5	618.272	8	1.9	0.6	10.7	0.85	76.63	20.74
289	10.5	618.272	8	1.9	0.6	0	0.85	76.63	20.53
290	10.5	618.272	8	1.9	0.6	0	0.85	76.63	20.58
⋮									
451	10.5	618.272	8	1.9	0.6	7.7	0.85	76.63	20.07
452	11	618.272	1	0.6	0.6	8.7	3	29.9	2024.46
453	11	618.272	1	0.6	0.6	9.7	3	29.9	1998.40
454	11	618.272	2	0.6	0.6	10.7	3	39.9	1947.17
455	11	618.272	3	1.9	0.6	11.7	3	54.63	1918.37
⋮									
521	11	618.272	5	1.9	0.6	8.7	3	60.26	1744.70
522	11	618.272	6	1.9	0.6	9.7	0.85	63.82	1655.01
523	11	618.272	7	1.9	0.6	10.7	0.85	67.97	1644.80
524	11	618.272	7	1.9	0.6	11.7	0.85	67.97	336.75
525	11	618.272	8	1.9	0.6	12.7	0.85	76.63	20.07
⋮									

四、二次瓦斯爆炸概率计算

假设井下有四处瓦斯库，瓦斯库一位于1114南回风巷上平台起始处0.1 m，离首次爆炸点折线距离约81 m；瓦斯库二位于1114南回风联络斜巷上端2.1 m，离首次爆炸点折线距离约125 m；瓦斯库三位于-90 m水平南回风大巷的回风联络巷的起始端4.6 m，离首次爆炸点折线距离约145 m；瓦斯库四位于-90 m水平南运输大巷的回风联络巷的末端，离首次爆炸点折线距离约154 m。

考虑到事发煤矿的绝对瓦斯涌出量为24.89 m³/min，可以认为灾区气体浓度一定能达到爆炸极限，故取$P_1=1$；煤矿的所产煤炭为褐煤，其燃点为270 ℃。各井下瓦斯库发生二次爆炸的概率见表4-16。

表4-16　各井下瓦斯库发生二次爆炸概率

井下瓦斯库	离首次爆炸点折线距离/m	预测的压力/kPa	预测的温度/℃	P_1	P_2	P_3	$P = P_1 \times P_2 \times P_3$
瓦斯库一	81	235.88	1481.63	1	1	1	1
瓦斯库二	125	158.59	568.79	1	1	1	1
瓦斯库三	145	31.80	20.06	1	0.0412	1	0.0412
瓦斯库四	154	36.74	20.45	1	0.0402	1	0.0402

五、救援风险计算分析

假设救援工作的工况：在该矿1114南回风巷起始端20.1 m处由于工人进行热切割轨道产生的高温火源引燃密闭内漏出的瓦斯，引起瓦斯爆炸事故。此时，救护指挥人员决定派人进入现场救援，假设指挥员给出的方案是对每个井下瓦斯库都派5名救护队员进行30分钟的救援，那么前去井下爆源附近各个瓦斯库开展救援的风险见表4-17。

表4-17　各井下瓦斯库区域救援风险

井下瓦斯库	L	E	C	$D = LEC$	救援风险等级
瓦斯库一	10	2	40	800	1
瓦斯库二	10	2	40	800	1
瓦斯库三	3	2	3	18	5
瓦斯库四	3	2	3	18	5

第五章 基于情景构建的爆炸
事故应急救援预案

应急救援预案是指针对可能发生的事故，为迅速、有序地开展应急救援行动而预先制定的行动方案。它是法律法规的必要补充，也是应急体制机制的重要载体。而风险评价是制定应急预案的基础和依据，同时也决定了应急预案的响应级别和处置措施。对于爆炸事故的应急救援评价是根据不同的情景来做出的，因此，完全可以采用情景构建的方法来制定相应的应急预案。

第一节 爆炸事故救援情景构建的基本内容

所谓情景构建，是指结合大量的历史案例、工程模拟技术对某类突发事件开展全景式描述，并据此开展应急任务的梳理以及应急能力的评估，以完善应急预案和指导应急演练，从而最终促进应急准备能力提升。情景构建是将"底线思维"应用在应急管理领域，"从最坏处准备，争取最好的结果"。

在爆炸事故救援中引入情景构建的主要目的有两个方面：一是以当前应急资源的现状为基础，提出可行、具体、科学的应对措施，同时对现有的爆炸事故应急救援预案体系开展评估，查找其中的问题和不足之处，完善、改进应急预案，开展必要的应急培训与演练；二是以构建的不同情景为参照，分析、查找爆炸事故救援模拟过程中凸显的各种应急资源与能力的差距和脆弱性，从而提出较为长期的应对措施，以提升现场应急救援能力和应急准备能力。

情景构建的一个主要内容就是构建突发事件情景库，而情景库的构建主要包括情景要素库和模型规则库的构建。

一个爆炸事件可划分为若干情景，在每个情景中又包含若干情景要素，而情景要素可以概括为致灾因子、承灾载体、孕灾环境和救援措施4类要素。情景要素库是情景库的基础，是情景表达和情景分析的基本分子。针对救援来说，主要考虑构建救援措施情景要素库。

爆炸事故救援情景构建应当符合爆炸事故发生发展的一般规律，其主要依据、参考资料可以包含历史案例资料分析、现场调查和模拟实验、计算机模拟仿真结果、专家经验与推理等。

本书将数值模拟计算、神经网络算法预测引入了风险评价，可以计算（预测）出每个罐体（易爆工段）发生爆炸后各种演进的可能情况，让构建爆炸事故救援的各种情景有了可能。

第二节　爆炸事故应急救援情景分析

一、化工爆炸事故救援主体情景构建

1. 构建情景要素库

通过第三章内容中对化工爆炸事故救援的风险分析并查阅相关文献，本书提取了爆炸事故救援过程中主要阶段的基本事件，并且根据事件的性质，将它们分为初始事件和过程事件两类。

（1）初始事件（IC_i）：化工厂每个易爆设备设施的爆炸都可以作为初始事件之一。

（2）过程事件（PE_i）。

PE_1：初始事件引起其他罐体火灾。

PE_2：初始事件引起其他罐体爆炸。

PE_3：爆炸碎片引起其他罐体燃烧爆炸。

PE_4：没有引起多米诺效应。

PE_5：着火罐体火势可控，避免二次爆炸。

PE_6：火灾引起罐体爆炸，救援人员撤至安全区域。

PE_7：引起连环爆炸，救援人员撤至安全区域。

PE_8：没有引起连环爆炸。

PE_9：爆炸结束。

PE_{10}：现场温度高，不能进入救援。

PE_{11}：现场温度允许进入救援。

PE_{12}：救援人员进入现场灭火、搜救。

PE_{13}：救援结束。

一般来说，罐区发生泄漏并引起燃烧爆炸的可能性较其他区域要大，而且危害程度比其他区域发生爆炸烈度要大得多，所以基本上把罐区每个罐体发生火灾爆炸、有些工段会产生爆炸作为情景要素之一。

在初始燃烧爆炸事故发生后，引起其他罐体发生二次爆炸、爆炸碎片的抛射引起二次火灾或爆炸、工段发生倒塌、有被埋压人员等也是情景的要素。

2. 构建情景树

构建情景树的目的是将文本型应急救援预案转换为计算机可识别、计算和判定的表达形式。

通过事件树分析法，将化工爆炸事故的救援情景进行分析，对关键要素进行分析和假设，从初始情景至结束情景形成了一棵事件情景树，情景树上的每条路径都表示一个救援事件可能的发展情况。救援过程的救援情景是复杂的，其过程及产生的事件众多，我们选择其中的一种情形来绘制化工爆炸情景树，如图 5 - 1 所示。

二、井下瓦斯爆炸事故救援主体情景构建

1. 构建情景要素库

同样，通过第四章内容中对井下瓦斯爆炸事故救援的风险分析以及相关文献查阅，本文提取了瓦斯爆炸事故救援过程中的基本事件，并且根据事件的性质，将它们分为两类：

（1）初始事件（IC_i）。可以将井下某个瓦斯库的爆炸作为初始事件之一。

（2）过程事件（PE_i）。PE_1：初始事故瓦斯库区域物体没有着火；PE_2：初始事故瓦斯库区域物体着火；PE_3：初始事件没有引起其他某个瓦斯库区域物体着火；PE_4：初始事件引起了其他某个瓦斯库区域物体着火；PE_5：初始事故瓦斯库区域瓦斯再次积聚；PE_6：初始事故瓦斯库区域瓦斯浓度再次达到爆炸范围，并引起瓦斯爆炸；PE_7：其他某个存在着火物体瓦斯库区域瓦斯浓度在爆炸范围，并引起瓦斯爆炸；PE_8：爆炸结束；PE_9：现场温度高，不能进入救援；PE_{10}：现场温度允许进入救援；PE_{11}：救援人员进入现场灭火、搜救；PE_{12}：救援结束。

2. 构建情景树

通过事件树分析法，将煤矿瓦斯爆炸事故的救援情景进行分析，对关键要素进行分析和假设，从初始情景至结束情景形成了一棵事件情景树，情景树上的每条路径都表示一个事件的可能发展情况，其过程及产生的情景树如图 5 - 2 所示。当然，煤矿事故的救援可以构建的情景很多，以上只是列举了其中的一些情景，可以根据事故发生的可能性，构建众多情景，形成情景群。

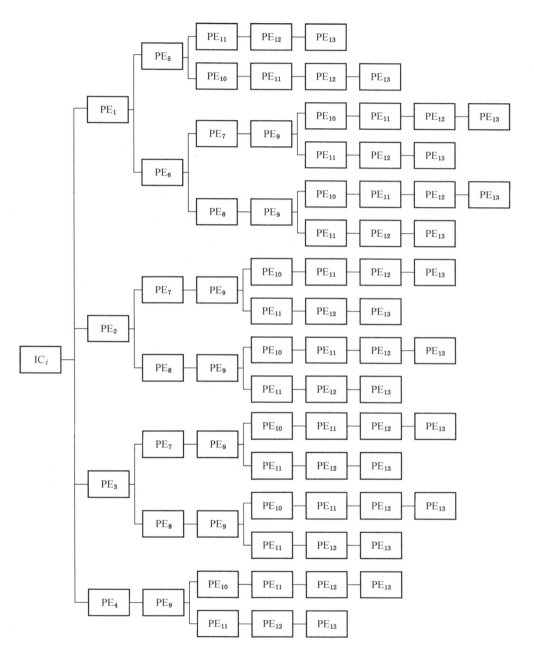

图 5-1　化工爆炸事故救援情景树

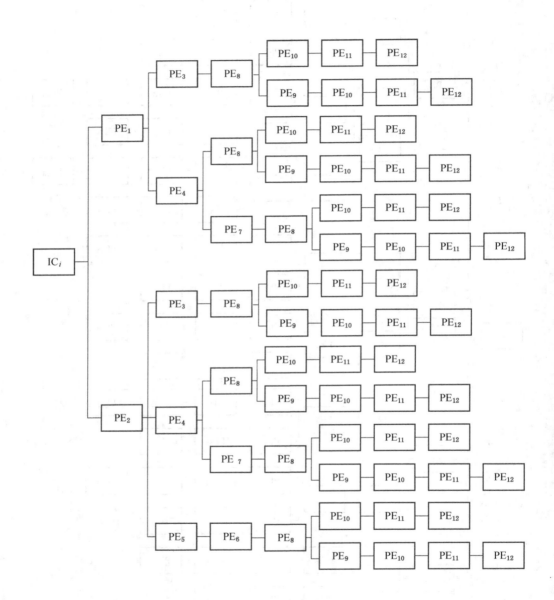

图 5-2　煤矿瓦斯爆炸事故救援情景树

第三节　基于情景构建的爆炸事故动态应急救援预案

有了数值模拟和神经网络算法预测，让动态应急救援预案变为可能。因为预案都是文本性的，因此需要把情景树的每个分支都用文字表达出来，以计算机可识别的形式存入数据库，等待调用。当井下发生事故时，可以把将预案的通用条款和相关根据判据动态选择的爆炸事故救援情景树的一个分支形成的条款（可称为动态条款）相结合，就形成了一个基于数值模拟或神经网络预测结果的动态应急救援预案。

一、化工爆炸事故应急救援预案主要内容

本部分主要考虑化工企业发生气体泄漏导致爆炸时的应急救援预案。

当某个企业发生化工爆炸事故时，现场有关人员应第一时间向企业应急救援中心详细报告事故情况：事故发生的时间地点、事故类型、爆炸程度等。救援中心应做好如下工作：

（1）首先要确认爆炸发生的区域、首次爆炸发生的位置。

（2）切断电源，消除火种和各种出现明火的条件。

（3）确认气体泄漏量以及是否仍在泄漏。

（4）依据气体泄漏的范围、泄漏量划定警戒区域，组织人员迅速撤离至安全范围内，禁止任何人进入警戒区（根据发生多米诺事故效应的风险来划定警戒区）。

（5）针对有毒气体、非易燃气体的泄漏，进入现场的救援人员应当配备呼吸器、防护服等，以防吸入毒气。

（6）将事故的初始爆炸位置等有关信息输入专家支持系统，根据支持系统的情景设置，由情景系统计算出发生连环爆炸的可能性供救援指挥人员参考决策。

（7）若发生连环爆炸的可能性大，则救援人员需要等待合适时机进入可能发生连环爆炸的危险区域救援。

（8）若需扑灭火灾，救援人员应在上风或侧风位置开展，切忌在下风位置进行灭火，在扑救的同时用水冷却周围设施。

其中，第（4）、（6）、（7）条是根据不同的事故情景动态变化的，（6）、（7）条是根据判据动态选择化工爆炸事故救援情景树的一个分支形成的预案条款。

这里还是以第三章化工爆炸事故案例场景为蓝本来构建一个事故情景：CC-605A 罐发生气体泄漏，泄漏的气体为乙炔，体积估算约为 780 m³，事故现场周边各类电源已被切断，但气体仍然存在被引爆的可能，此时救援指挥人员到达现场，发现周边厂房和办公楼还有人员在上班。根据救援预案，此时应当组织人员疏散，划定警戒区域，确保人员安全。根据软件的神经网络预测模块预测的数据，需要人员疏散撤离的建筑物见表 5-1。但随着时间的推移，泄漏的气体并没有发生爆炸，气体仍在不停泄漏，爆炸的风险仍未消除，此时泄漏的气体体积约为 2000 m³。现场救护指挥人员根据神经网络预测模块进行了实时预测，发现需要撤离人员的建筑发生了变化，见表 5-1 第七列，此时救护指挥人员调整了疏散预案，及时通知风险变化的建筑物中的人员撤至安全区域。

表 5-1 动态预案的神经网络预测数据判据

建筑设施	离爆源的最近距离/m	泄漏 780 m³ 时预测的压力值/kPa	泄漏 2000 m³ 时预测的压力值/kPa	建筑设施破坏阈值/kPa	泄漏 780 m³ 时是否需要撤离	泄漏 2000 m³ 时是否需要撤离
罐场操作室	52	131.97	171.56	100	是	是
液氯房	52	130.88	170.14	100	是	是
汽车房	121.07	78.30	94.80	70	是	是
循环水房1	132.43	97.00	110.65	100	是	是
循环水房2	209.53	67.41	74.98	70	否	是
合成工段	214.22	91.02	99.48	70	是	是
精馏工段	273.33	57.15	61.31	100	否	否
回收工段	277.77	56.68	60.75	100	否	否
聚合工段	388.28	71.87	76.03	70	是	是
醇解工段	404.21	66.46	70.14	70	否	是
成品库	362.33	55.88	59.00	70	否	否
综化楼	368.08	77.29	81.54	100	否	否
调度楼	405.5	9.44	9.92	100	否	否
有机厂门	484.95	4.04	4.21	100	否	否

当然这些数据的变化是由软件根据现场情况的演变自动计算得出的，软件根据这些数据（压力、温度）的变化，实时调整预案内容。

二、井下瓦斯爆炸事故应急救援预案主要内容

当井下发生瓦斯爆炸后，事故发现人员应第一时间告知调度室，调度室通知矿山应急救援队伍，同时向上级报告，企业成立应急救援指挥机构。

现场应急救援指挥机构应尽一切可能了解井下灾情，研判灾情发展趋势，果断决策，科学救援。

1. 必须掌握的情况

（1）井下爆炸地点和波及范围。

（2）井下人员伤亡情况及分布地点。

（3）矿井通风情况。

（4）井下灾区瓦斯情况。重点看井下各瓦斯库情况。

（5）是否已发生火灾及火灾的影响范围。可通过数值模拟计算或神经网络算法进行预测，初步确定能引起火灾的井下瓦斯库。

（6）主要通风机运行情况。

2. 必须分析判断的内容

（1）通风系统被破坏的程度。通过专家支持系统的数值模拟程序进行计算或神经网络算法进行预测。

（2）是否会产生连续爆炸。通过专家支持系统的风险评价进行分析。

（3）能否诱发火灾。通过专家支持系统热传导模拟程序进行计算。

（4）爆炸可能的影响范围。通过专家支持系统的风险评价进行分析。

3. 必须做好的工作

（1）安全切断灾区电源。

（2）撤出灾区和井下所有人员。

（3）派专人值守风机房，并保障主要通风机运转。

（4）保证人员辅助运输正常运转。

（5）清查井下人员数量，严控人员入井。

（6）按照救援预案安排矿山救护人员营救遇险人员，侦察火情，必要时扑灭火灾，适时恢复矿井通风系统，防止瓦斯积聚引起二次爆炸。如果有二次爆炸的可能，按照动态预案的瓦斯灾变情况处置。

4. 瓦斯灾变情况处置

为保证救护队员本身安全及救援工作更有利的开展，必须充分考虑到可能会发生二次事故特别是二次爆炸事故，制定相关措施。

（1）救护人员按照指挥部的救援方案，迅速到达遇险人员最多的地点开展

侦察、实施抢救。

（2）根据井下情况迅速恢复灾区通风系统。恢复通风之前，必须查明井下是否还有火源存在，排除再次引起爆炸的可能。应按排放瓦斯的要求恢复独头通风。

（3）及时扑灭火灾。一旦发现井下有火灾或残留火源，须立即扑灭。火区内有被困人员时，应全力灭火。当直接灭火未能奏效时，在确认火区内人员均已死亡的情况下，应先进行封闭措施，控制住火势，然后再灭火。

（4）瓦斯爆炸引起火灾时，可按照外因火灾处理方法实施灭火。

其中，第1-（5）、2-（1）、2-（2）、2-（3）2-（4）、3-（6）、4-（1）、4-（3）条是根据不同的事故情景动态变化的，3-（6）、4-（1）、4-（3）是根据判据动态选择瓦斯爆炸事故救援情景树的一个分支形成的预案条款。

同样的，以第四章井下瓦斯爆炸事故案例场景为蓝本来构建一个事故情景（图5-3）：矿工在某个独头巷道中提前进行了密闭，第二天开展动火作业，随后井下发生爆炸。部分矿工听到爆炸声音后紧急升井，随后救援指挥人员赶到调度室，听取相关情况后，依据监测监控系统的数据，初步判断爆炸是由工人在独头巷道动火作业，由某种原因引起密闭内瓦斯爆炸。根据不作业时的瓦斯监测曲线及报表内回风瓦斯数据，瓦斯浓度为 0.1%，风量约为 150 m^3/min，瓦斯涌出量约为 0.15 m^3/min，每小时 CH_4 涌出量约为 9 m^3。从密闭施工结束时间起，到事故发生时间止，密闭封闭时间为 37 小时 25 分钟，密闭内瓦斯涌出量约 336.75 m^3。4 个瓦斯涌出点附近都存在木支护，且第一次爆炸摧毁了通风系统，在 4 个瓦斯涌出点都存在瓦斯积聚的可能。因此，此时救护指挥人员根据神经网络预测模块进行了实时预测，得出首次爆炸发生后四个瓦斯涌出

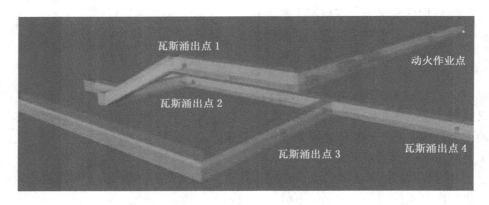

图5-3　构建的情景中井下瓦斯涌出点、瓦斯引爆点等情况

点的温度依次为 1238 ℃、75 ℃、30 ℃、27 ℃，木支护的最低燃点为 200 ℃。救护指挥人员据此判断，瓦斯涌出点 1 附近的木支护已被点燃，而其他木支护则没有被点燃，指挥人员命令救护人员立即下井在涌出点 2、3、4 附近对受伤人员进行了紧急救护和转移。随着时间的推移，瓦斯涌出点 1 附近积聚的瓦斯越来越多，存在二次瓦斯爆炸的风险，因此救护指挥员下达了井下救护人员撤至井上的命令。

当然，上述情景只是煤矿众多事故救援情景中的一个，软件会构建这些情景，并绘制成情景树，然后根据程序预测的数据，动态的选择分支，从而会形成动态的预案，指挥人员根据动态预案实时调整救援策略即可。

三、基于情景构建的爆炸事故救援桌面推演系统

根据上述应急预案，细化救援操作步骤，定制不同角色，利用编程技术将爆炸事故的预案演练制作成爆炸事故应急救援桌面推演系统（图 5-4）。实现预案脚本的自由配置和编制，预案编制人员根据各自演练的不同需求，将演练过程分步骤分角色录入系统形成不同的演练模板，演练人员可以通过系统角色扮演实施指挥部的应急决策和应急救援行动。取代传统的文字和语言描述的形式，使得安全事故的表达更为全面、形象和直观，能够按照某个情境如实地反映整个事故的发生发展过程。图 5-5 所示为软件构建瓦斯爆炸事故情景树。图 5-6 所示为化工爆炸场景桌面推演。图 5-7 所示为化工爆炸场景推演分析。

图 5-4　桌面推演系统主界面

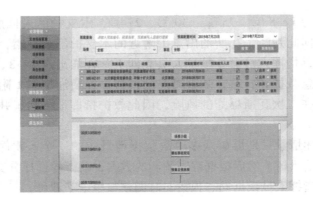

图5-5　软件构建瓦斯爆炸事故情景树

图5-6　化工爆炸场景桌面推演

图5-7　化工爆炸场景推演分析

参 考 文 献

［1］ Hsu Kuo－Cheng, Chen Ya－Chi, Chen Li Fen, et al. The Formosa Fun Coast water park dust explosion accident: Three－year cohort study to track changes and analyze the influencing factors of burn survivors´quality of life ［J］. Journal of the International Society for Burn Injuries, 2019, 45 （8）: 1923－1933.

［2］ 谢谚, 牟桂芹, 王昕喆. 响水事故对环保项目风险管理的启示 ［J］. 工业安全与环保, 2019, 45 （10）: 14－16.

［3］ 邹露. 德国国际危机管理机制与实践研究 ［D］. 北京: 北京外国语大学, 2017.

［4］ Zhe Yang, Li Jun Feng. Application of Improved LEC Method in the Construction of Water Conservancy Project Hazard Evaluation ［J］. Advanced Materials Research . 2014, 1028 （1）: 297－299.

［5］ Liu Hui, Sun Shimei. Study on the construction safety assessment of highway tunnels based on the improved LEC method ［J］. Modern Tunnelling Technology, 2015, 52 （11）: 26－32, 61.

［6］ Jiang GJ. Process safety evaluation model based on LEC and Grey Theory ［J］. Journal of Mechanical Engineering Research and Developments, 2016, 39 （1）: 24－29.

［7］ 罗通元, 毛仲强, 曾路. 重特大生产安全事故的情景构建 ［J］. 安全, 2016, 37 （2）: 29－33.

［8］ 陈福真, 张明广, 王妍, 等. 油气储罐区多米诺事故耦合效应风险分析 ［J］. 中国安全科学学报, 2017, 27 （10）: 111－116.

［9］ 衣健民. 基于贝叶斯网络的多米诺效应下事故传播机理研究 ［D］. 沈阳: 沈阳航空航天大学, 2018.

［10］ 贾梅生, 陈国华, 胡昆. 化工园区多米诺事故风险评价与防控技术综述 ［J］. 化工进展, 2017, 36 （4）: 1534－1543.

［11］ Sachin Kumar Mangla, Pradeep Kumar, Mukesh Kumar Barua. An integrated methodology of FTA and fuzzy AHP for risk assessment in green supply chain ［J］. International Journal of Operational Research . 2016 , 25 （1）: 77－99.

［12］ Mottahedi, Adel, Ataei, et al. Fuzzy fault tree analysis for coal burst occurrence probability in underground coal mining ［J］. Tunnelling and Underground Space Technology, 2019, 83 （1）: 165－174.

［13］ O V Mikhaylova, K V Chmeleva, V E Chshekhtman. Risk Assessment of Accidents at Coal Mining Enterprises, Using the Automated System of Calculation of Fault Tree and Event ［J］. IOP Conference Series: Earth and Environmental Science, 2019, 272 （3）: 32－41.

［14］ 柳茹林, 于岩斌. 基于 FTA－AHP 方法的煤矿瓦斯爆炸事故分析 ［J］. 山东科技大学学报 （自然科学版）, 2017, 36 （6）: 81－89.

[15] Chun Kit Lau, Kin Keung Lai, Yan Pui Lee, et al. Fire risk assessment with scoring system, using the support vector machine approach [J]. Fire Safety Journal, 2015, 78 (1): 188 – 195.

[16] Tsai Shih – Fang, Huang An – Chi, Shu Chi – Min. Integrated Assessment of Safety Distances for Rescue Work in Chemical Plant Fires Involving Domino Effects [J]. Process Safety Progress, 2018, 37 (2): 186 – 193.

[17] Jianfeng Zhou, Genserik Reniers, Nima Khakzad. Application of event sequence diagram to evaluate emergency response actions during fire – induced domino effects [J]. Reliability Engineering and System Safety, 2016, 150 (1): 202 – 209.

[18] 乔萍. 高层建筑灭火救援风险综合评价研究 [D]. 西安: 西安建筑科技大学, 2017.

[19] 曹文镆, 张鹏, 商靠定, 等. 道路交通事故救援风险评估研究 [J]. 中国公共安全 (学术版), 2018 (2): 47 – 52.

[20] 王海荣. 基于 Vague 集的矿井瓦斯救援安全性模糊综合评价 [D]. 西安: 西安科技大学, 2019.

[21] Ya Zhang. Research on key technologies of remote design of mechanical products based on artificial intelligence [J]. Journal of Visual Communication and Image Representation, 2019, 60 (1): 250 – 257.

[22] Paolo Bory. Deep new: The shifting narratives of artificial intelligence from Deep Blue to AlphaGo [J]. Convergence, 2019, 25 (4): 627 – 642.

[23] J. Qian, Z. Liu, S. Lin, et al. Characteristics analysis of post – explosion coal dust samples by x – ray diffraction [J]. Combustion Science&Technology, 2017, 190 (4): 740 – 754.

[24] Noura Metawaa, M. Kabir Hassana, MohamedElhoseny. Genetic algorithm based model for optimizing bank lending decisions [J]. Expert Systems with Applications 2017, 80 (1): 75 – 82.

[25] Hamid Reza Boveiri, Raouf Khayami, Mohamed Elhoseny, et al. An efficient Swarm – Intelligence approach for task scheduling in cloud – based internet of things applications [J]. Journal of Ambient Intelligence and Humanized Computing, 2018, 10 (9): 3469 – 3479

[26] 任少云. 密闭空间内气体混合及可燃性规律研究 [D]. 北京: 北京理工大学, 2016.

[27] V. R. Feldgun, Y. S. Karinski, I. Edri, et al. Prediction of the quasi – static pressure in confined and partially confined explosions and its application to blast response simulation of flexible structures [J]. International Journal of Impact Engineering, 2016, 90 (1): 46 – 60.

[28] 王仲琦. 液滴状态对气液两相爆轰过程影响的数值模拟研究 [C]. 中国力学学会爆炸力学专业委员会冲击动力学专业组、北京理工大学爆炸科学与技术国家重点实验室 (State Key Laboratory of Explosion Science and Technology): 中国力学学会, 2011: 1.

[29] N. J. S. Loft, L. B. Kristensen, A. E. Thomsen, et al. CONAN—the cruncher of local exchange coefficients for strongly interacting confined systems in one dimension [J]. Computer

Physics Communications, 2016, 209 (1): 171 –182.

[30] B. Yousefi –Lafouraki, A. Ramiar, A. A. Ranjbar. Numerical simulation of two phase turbu-
lent flow of nanofluids in confined slot impinging jet [J]. Flow Turbulence&Combustion,
2016, 97 (2): 571 –589.

[31] L. Michael, N. Nikiforakis. A hybrid formulation for the numerical simulation of condensed
phase explosives [J]. Computational Physics, 2016, 316 (1): 193 –217.

[32] Marc Goerigk, Martin Hughes. Representative scenario construction and preprocessing for ro-
bust combinatorial optimization problems [J]. Optimization Letters, 2019, 13 (6): 1417 –
1431.

图书在版编目（CIP）数据

爆炸事故救援风险评价与辅助决策技术／李其中，王仲琦，王晔著．－－北京：应急管理出版社，2020

（安全应急丛书．学以致用篇）

ISBN 978－7－5020－8433－2

Ⅰ.①爆…　Ⅱ.①李…　②王…　③王…　Ⅲ.①爆炸事故—救援—风险评价　Ⅳ.①X928.7

中国版本图书馆 CIP 数据核字（2020）第 222270 号

爆炸事故救援风险评价与辅助决策技术

（安全应急丛书．学以致用篇）

著　　者	李其中　王仲琦　王　晔
责任编辑	张　成
责任校对	孔青青
封面设计	于春颖

出版发行	应急管理出版社（北京市朝阳区芍药居 35 号　100029）
电　　话	010－84657898（总编室）　010－84657880（读者服务部）
网　　址	www.cciph.com.cn
印　　刷	北京建宏印刷有限公司
经　　销	全国新华书店

开　　本	710mm×1000mm$^1/_{16}$	印张	9	字数	162 千字
版　　次	2021 年 6 月第 1 版　2021 年 6 月第 1 次印刷				
社内编号	20201695		定价	39.00 元	